ASTRONOMÍA
para Hijos y Padres

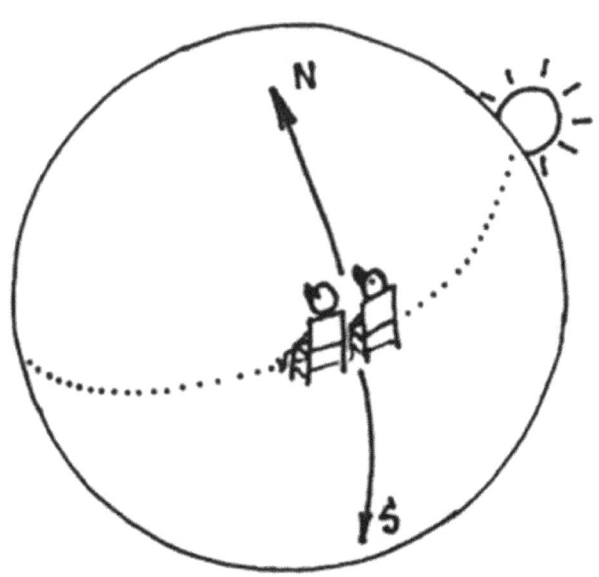

José Vte. Pascual Gil

Mi agradecimiento a la
paciencia de mi mujer y a la
voluntad de mi hijo.

Y un deseo: que le guste a mi
nieto.

¿De qué vamos a hablar y en qué página?

A los hijos

Estoy seguro de que sabes muy bien que la Tierra se mueve girando como una peonza y, mientras tanto, va dando vueltas alrededor del Sol. Estoy seguro de que sabes lo que son los planetas y probablemente conoces la lista de todos ellos. Tal vez comiences a dudar si te preguntan cuáles están más cerca o más lejos del Sol, cuáles tenemos más próximos y cuáles más distantes, cuáles son más grandes, cuáles más pequeños... Pues fíjate bien en lo que te digo: todas esas respuestas tienen, en realidad, poca importancia; no son lo esencial cuando lo que uno quiere es conocer y comprender el mundo que le rodea. Es mucho más importante intentar observar el maravilloso conjunto de astros, cuerpos celestes, movimientos de los mismos, leyes que los gobiernan..., sin tener que recurrir a memorizar listas, datos, distancias... Ese conjunto al que me refiero es al que, a partir de ahora, llamaremos "Cosmos". La palabra cosmos procede del griego y expresa el *"conjunto ordenado de todas las cosas"*. Fíjate bien: "ordenado"; si no fuera así, deberíamos llamarle (también procede del griego) "caos": lo desordenado, lo imprevisible.

Es normal que comiences a titubear si te preguntan qué hace el Sol: ¿se mueve o está quieto, da vueltas, camina hacia algún lugar...? ¿Hay más soles? ¿Qué hace cada uno de ellos, se agrupan o van "por libre"?

Llegará un momento en que te ocurrirá lo mismo que a cualquier otra persona que se haya preocupado en contestar estas preguntas: te perderás en ese cosmos, tu imaginación volará libre; allá donde mires, por mucho que te alejes, sabrás lo que está ocurriendo

7

pero nunca podrás llegar al final, todo serán dudas y teorías. Todo será, en fin, pura fantasía; una fantasía que te hará disfrutar más que el mejor de los relatos.

Hemos inventado una palabra que es la consecuencia de nuestra pequeñez y de nuestra ignorancia: "infinito" (lo que no comienza ni acaba). Nadie puede explicar bien en qué consiste y, sin embargo, lo mencionamos con total naturalidad; incluso lo incluimos en operaciones matemáticas.

Si entiendes bien la naturaleza del cosmos y su funcionamiento, estarás en condiciones de elaborar tu propia teoría sobre ese infinito al que nunca conseguirás entender pero que te hará reflexionar y será motivo de preciosas emociones.

Voy a intentar un juego contigo. No temas, no voy a proporcionarte -ya te lo he dicho- información que tengas que memorizar. Vamos a ir avanzando juntos poco a poco. Comenzaremos desde el lugar en que te encuentras ahora sentado; no importa dónde: en tu mesa de estudio, en la sala de estar... no importa. Yo estaré a tu lado y juntos comenzaremos a observar alrededor (algo más allá de las paredes de la habitación). Seremos conscientes de los movimientos que, cómodamente sentados en nuestras sillas, estamos realizando en el seno de ese cosmos que vamos a conocer muy pronto. Verás que, siguiendo esos movimientos, nos iremos alejando progresivamente y, cuando menos lo pienses, sin levantarnos de la silla, estaremos intentando descifrar el más allá, el infinito o, si lo prefieres, entraremos en el reino de la fantasía.

Cuando estaba en edad de estudiar (como tú estás ahora), me di cuenta de que las asignaturas me gustaban más o menos según qué profesor me las explicaba. En un curso odiaba una materia y en el siguiente, cambiaba el profesor, y esa misma asignatura comenzaba a apasionarme. Voy a esforzarme para no fallar. Voy a intentar apasionarte y deseo conseguirlo.

10

A los padres

Cuando le preguntaron a un famoso astrónomo para qué servía la astronomía, contestó: *"La astronomía sólo sirve para ignorarla o para emocionarse"*. Y estoy completamente de acuerdo.

Cuando hablo de astronomía con personas que desconocen el tema… no pasa nada. No demuestran sorpresa, no despierto su curiosidad; no les afecta lo que les pueda explicar; su indiferencia es total. Y es que, en realidad, no va a suponer ninguna ventaja para ellos.

Con razón, otro astrónomo, no menos eminente, comenta: *"En realidad, la astronomía no ha aportado aún ninguna ventaja para la humanidad"*. Y es totalmente cierto.

Sin embargo, si por el motivo que sea comienzas a indagar en lo que te rodea -desde lo que tienes a tus pies hasta lo que se presume más remoto- llega un momento en que la imaginación emprende el vuelo. Te sorprendes a ti mismo haciendo un esfuerzo para entender esta maravilla que nos rodea -que llamamos "Cosmos"- y que, en realidad, ni los más grandes científicos se atreven a definir. Pero es un esfuerzo agradable y placentero que te libera, te demuestra lo insignificante que eres y, al mismo tiempo, te reconforta porque eres consciente de su grandeza. Lo estudias, lo conoces y formas parte de él; pero parte consciente. Y eso es lo más significativo: el cosmos, ese apabullante espectáculo, no se conoce a sí mismo; somos nosotros los que al intentar descifrarlo le sumamos un valor añadido. Es observado por alguien y hay alguien a quien deslumbra y sobrecoge.

11

¡Qué triste sería si tan grandioso acontecimiento permaneciera desconocido y anónimo!

¿De qué serviría la música, la poesía, la cultura y tantas otras manifestaciones intelectuales si no fuéramos capaces de conocerlas, entenderlas y disfrutarlas? Serían totalmente estériles. Estarían de más.

Emocionarse... eso es a lo que se refería el astrónomo.

Pues ese es exactamente mi mayor propósito. Quiero enseñar a emocionarse con la astronomía. Quiero enseñar a mis amigos más jóvenes para que sean ellos los que ilusionen a sus padres o al revés. Quiero que jóvenes y menos jóvenes participen de una emoción común y que todos juntos seamos capaces de pensar en ese "más allá" que, sin embargo, está con nosotros.

Igual que el horizonte es la meta del marino, el conocimiento astronómico debería ser una aspiración humana; una manera de... sorprendernos juntos.

Para ello, voy a ensayar una forma distinta de enseñanza. No quiero hacer un análisis detallado de "cada cosa" que nos rodea. He leído muchos tratados que siguen este método y, sin que suponga ninguna crítica hacia ellos -de hecho, todos ellos son obras extraordinarias- voy a intentar realizar una descripción diferente; más de "andar por casa", más próxima.

Espero que pronto comencemos a disfrutar juntos.

Giras con la Tierra

La Tierra ¿Por qué ese nombre?

"*Tierra*" es el nombre romano de "*Gea*", diosa griega de la feminidad y fecundidad. Y ese es el nombre que ha recibido nuestro planeta; nuestro hogar en el universo.

Ya te lo he dicho: te imagino sentado y yo lo estoy a tu lado. Aparentemente todo está inmóvil pero bien pronto vamos a sorprendernos al descubrir los trayectos que realizamos y las velocidades a las que nos estamos moviendo.

Que nos encontramos sentados en la superficie de la Tierra, planeta del sistema solar, no es nada nuevo. Que nos movemos dando vueltas, tampoco. Pero, ¿son esos los únicos movimientos a los que estamos sometidos?

Vamos a comenzar a mirar hacia fuera. Y para ello, lo primero que tendremos que hacer tú y yo es cambiar nuestra orientación y sentarnos mirando hacia el mismo lugar; hacia un lugar concreto: el polo **Norte**. De ese modo podremos entender mejor el sentido de nuestros movimientos.

Todo el mundo sabe dónde está el Norte, y tú lo vas a saber muy pronto. Escucha: si orientamos la silla en la que estamos sentados de modo que cuando amanece, el sol aparezca por nuestra derecha, ya está resuelto el problema: nos encontramos mirando al Norte. No será una dirección totalmente exacta porque el punto de la salida del Sol varía a lo largo del año, pero para entendernos es suficiente. Así de sencillo y así de fácil.

No es necesario añadir que, cuando eso ocurra, el Sur estará a nuestra espalda (figura 1).

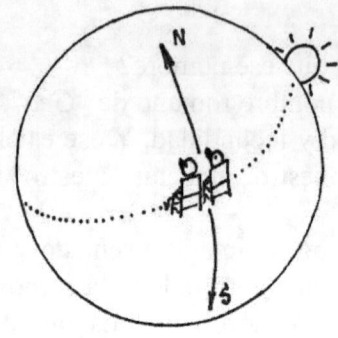

Figura 1

Ahora, alguien me podrá decir: Y ¿por qué el Norte está en esa dirección; quién lo ha puesto ahí? Lo sabremos muy pronto, pero, antes, es conveniente conocer las características y los movimientos de nuestro planeta Tierra.

La Tierra es uno de los múltiples planetas que se encuentran dando vueltas alrededor del Sol. Entre todos constituyen lo que se llama un *"sistema planetario"*. El nuestro es uno más de los que existen en el cosmos. En realidad, también lo estudiaremos, nuestro Sol no es más que una estrella como cualquier otra de las que aparecen en la noche; y recientemente se ha demostrado que muchísimas de ellas tienen planetas a su alrededor. Son, pues, innumerables los sistemas planetarios que existen.

La Tierra completa un giro alrededor del Sol en un año. Pero debemos acostumbrarnos a ser críticos y analizar bien el porqué de los conceptos: no es que a la Tierra le cueste un año dar esa vuelta, es que al tiempo que emplea, nosotros le llamamos *"año"*. Alguno me podrá decir: ¿qué más da, si al final es lo mismo? Y estoy de acuerdo, pero es una forma de advertir anticipadamente que todo nuestro calendario; todo lo que llamamos día, noche, primavera, otoño… incluso, horas, minutos, segundos, no son más que formas de definir el tiempo en que se producen movimientos propios de nuestro mundo, de los astros que nos rodean (nuestro satélite Luna) y de los que rodeamos (nuestro querido Sol). Nosotros hablaremos de *"tiempo"* para establecer una relación entre los acontecimientos que se producen; en realidad, lo que verdaderamente importa es el concepto *"movimiento"* de cada uno de ellos (vale decir: *"velocidad"*).

El gran principio del cosmos es el movimiento; sin él, no hay velocidad, ni tiempo; no hay cambios; y sin cambios nada se desarrolla y nada existe. ¿Estamos hablando de fantasías?

Cierra el libro; entorna los ojos y apóyate en el respaldo de la silla. Medita con pausa, crea tu opinión personal, imagina teorías, comienza a ilusionarte...

Pero, volvamos a la realidad: Mientras la Tierra completa su vuelta alrededor del Sol, va realizando de forma permanente otro movimiento: **gira sobre sí misma**. Y este giro se produce en torno a un eje imaginario que la atraviesa. Pues bien, los puntos en que ese eje corta la superficie de la tierra se llaman polos: Polo Norte (ya sabes por qué está ahí) y Polo Sur. Y por definición (*"por definición"* quiere decir que nos hemos puesto de acuerdo en que así sea), el que tenemos frente a nosotros cuando sale el Sol por nuestra derecha es el Norte (figura 2). Todos sabemos que tanto en él como en su opuesto (el polo Sur) siempre hay hielo y nieve; pronto averiguaremos el motivo.

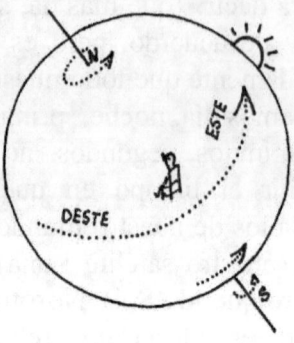

Figura 2

El giro de la Tierra sobre ese eje imaginario se completa cada día, es decir, cada 24 horas, aunque ya sabemos que sería mejor decir que es al tiempo de cada giro lo que llamamos "*día*". Además (así lo hemos decidido), dividimos ese tiempo, día, en 24 horas.

¿Es correcto decir que el Sol sale cada día? En realidad, no. Con lo que acabamos de explicar, sabemos que sería más correcto decir que, como somos nosotros -sentados sobre la superficie de la Tierra, como si se tratara de un "*tío vivo*" de feria- los que giramos sin descanso, el Sol no "*sale*"; simplemente "*aparece*" cada madrugada por el horizonte y desaparece por el lado opuesto mientras nuestra silla y nosotros con ella seguimos girando sin cesar en dirección contraria al "*camino*" del Sol. Si analizamos este hecho, llegamos también a la conclusión de que el giro de la Tierra se realiza hacia el lugar donde aparece el Sol; es decir, sentados mirando al Norte, nos desplazamos hacia nuestro lado derecho. Eso es lo mismo que decir que la Tierra gira hacia el Este. Y aquí aparecen dos conceptos nuevos: el **Este** y el **Oeste**. Son conceptos de *"dirección"*. Lo vas a entender muy pronto. Si seguimos sentados mirando al Norte, todo lo que esté a nuestra derecha será Este y lo que esté a la izquierda, Oeste. Pero son palabras relativas; dependen del punto desde donde se consideren. Por ejemplo: Valencia está al Este de Madrid, y Madrid está al Oeste de Valencia. Lo que sí es cierto es que en cualquier punto de la esfera terrestre el Sol aparecerá por el Este y se pondrá por el Oeste (figura 2).

¿Y a qué velocidad estamos girando? Es una pregunta muy fácil de responder porque conocemos todos los datos para resolverla. Podemos decir que la Tierra es redonda como una esfera (no es del todo cierto pero así lo afirmaríamos observándola desde el espacio) y sabemos también la longitud del radio de esa esfera: casi 6.400 kilómetros (km). Por lo tanto, aplicando la fórmula geométrica, la circunferencia del ecuador medirá (2 por 3'14 (*pi*) por el radio) un poco más de 40.000 km. Pues bien, si estamos sentados tú y yo en algún lugar del círculo máximo perpendicular al eje de giro (ese es el que de común acuerdo llamamos: *"ecuador"*), nuestra velocidad de giro será de 40.000 km cada 24 horas, es decir: ¡más de 1.600 kilómetros por hora! Por suerte, la atmósfera de la Tierra y todo lo que existe en su superficie forma una misma unidad con ella merced a la fuerza de gravedad y gira al mismo tiempo y a la misma velocidad. Si no fuera así… tendríamos que atornillar bien fuerte nuestra silla al suelo, y estar bien atados a ella…

Pero, cuidado, se trata de una velocidad *"angular"*, es decir, una velocidad relativa a nuestra distancia al eje de giro (en este caso, el radio de la Tierra). Si, en vez de estar sentados en el ecuador, cogemos nuestra silla y nos colocamos en el polo Norte o Sur, no tendremos ninguna velocidad lineal; lo que ocurrirá es que iremos girando, lentamente, y nuestra vista irá divisando todo el espacio que nos rodea, cada 24 horas. Podremos vigilar todo nuestro alrededor sin mover la cabeza, pero tendrá que transcurrir un día entero: una vuelta completa del giro de la Tierra (figura 3).

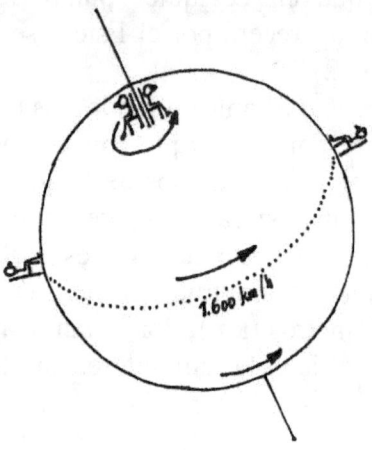

Figura 3

En el cosmos no existen las palabras arriba o abajo; no existe delante o detrás; no vale decir derecha o izquierda; sin embargo, nosotros necesitamos utilizar esos conceptos para poder explicar los fenómenos que se producen. Por ello nos hemos puesto de acuerdo y, para localizar la zona del espacio a que nos estemos refiriendo, utilizamos un artificio: prolongamos hasta el infinito el eje de rotación de la Tierra y así disponemos de Norte y Sur en el espacio (ya podemos utilizar nuestro idioma *"terráqueo"* del arriba y abajo). Por el mismo motivo, prolongamos el plano de nuestro ecuador terrestre y obtenemos, por ampliación, un *"Ecuador Celeste"*, de modo que medio espacio estará por *"arriba"* de este plano (al norte) y el otro medio, por *"debajo"* (al sur). En realidad, en nuestro planeta ya hicimos lo mismo con nuestro ecuador, así apareció la palabra *"hemisferio"*. Desde el ecuador terrestre hacia el norte: Hemisferio Norte; y hacia el sur: Hemisferio Sur.

Con estos trucos podremos entendernos sin problemas por nuestro sistema planetario (Sol, planetas, satélites, cometas… y demás astros que giran sin cesar a su alrededor); pero si más adelante vamos a aventurarnos hacia zonas mucho más lejanas -donde se mueven estrellas, nebulosas, galaxias... (¡Cuántas emociones nos están aguardando!)- tendremos que inventarnos otro artificio que nos permita, de nuevo, emplear conceptos de localización (ya sabes: arriba, a la derecha…). Para ello hemos creado otra ficción: la **Esfera Celeste**. Todos los astros que aparecen a simple vista en el cielo nocturno (estrellas y algunos planetas) se encuentran a diferentes distancias de la Tierra; sin embargo, nosotros vamos a pensar que están situados en el fondo de una gran esfera, todos a la misma distancia (como las estrellitas que se pegan en el papel oscuro que representa el cielo en un belén de Navidad). Esa inmensa esfera es la que, repito, llamaremos esfera celeste. Y tendrá una peculiaridad: será una esfera concéntrica a la esfera de nuestro planeta; de ese modo, su ecuador y sus polos serán comunes (figura 4).

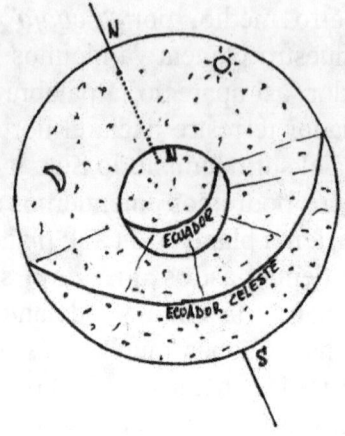

Figura 4

Ahora sí, ahora ya podemos decir: *"esa estrella está debajo de esa otra y a la derecha de aquella..."*. Ya estamos en condiciones de dar nuestro primer salto astronómico. Seguiremos cada uno sentado en su silla mirando al Norte, pero nuestra mente volará libre hacia el espacio. Y ¿dónde nos detendremos para observar? Pues está bien claro: en lo que tenemos más cerca, en nuestro fiel satélite: la Luna.

Pero, no lo olvides, seguimos girando sin cesar...

Y la Luna gira a nuestro alrededor

Nuestro satélite, la Luna, es el astro más cercano. Creemos saberlo todo respecto a ella, incluso hemos estado allí; sin embargo, a preguntas sencillas, muchas personas darán respuestas incorrectas.

Los griegos, a pesar de toda su cultura, de su enorme saber, de su inmensa aportación en el mundo de la filosofía, de las artes... veían la Luna como una *"fuente de plata bruñida, colgada en el cielo"*. Pero, también es cierto, pensadores griegos (Aristarco de Samos) y egipcios (Eratóstenes de Alejandría), hace dos mil trescientos años, fueron capaces de determinar la distancia relativa entre la Tierra, la Luna y el Sol. Incluso demostraron geométricamente que la Tierra era redonda, obteniendo su diámetro con extraordinaria precisión.

Te recomiendo entrar en internet y estudiar el experimento de Eratóstenes. Es un prodigio de intuición científica.

Posteriormente, el tiempo, la noche intelectual de la Edad Media, la incultura, oscurecieron estos descubrimientos hasta tal punto que, muchos siglos después, afirmar que algún astro giraba alrededor del Sol era motivo suficiente para ser condenado a morir en la hoguera.

A lo largo de este capítulo voy a intentar explicarte lo mejor posible todos los secretos y peculiaridades de nuestra hermana la Luna.

Conocerás su movimiento propio y su giro alrededor de nuestro mundo (ese giro que le caracteriza como un *"satélite"*); consecuencia de ello, comprenderás el por qué de sus fases (distinto aspecto en que aparece a nuestra vista), los eclipses (sombra que un astro produce sobre otro), la influencia que produce sobre el planeta… Hay mucho que estudiar.

Comenzaremos por conceptos esenciales: la Luna dista unos 380.000 km y su diámetro es de unos 3.600 km, casi la cuarta parte del nuestro (recordemos que el de la Tierra es de casi 13.000 km). Si la Tierra fuera una naranja mediana, la Luna tendría el tamaño de una cereza (figura 5); aunque, si nos referimos a la masa, como su densidad es menor (en el mismo volumen hay menos materia), harían falta 81 Lunas para conseguir formar una Tierra.

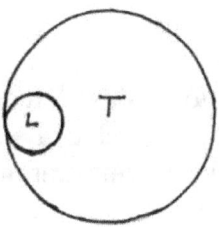

Figura 5

Sabemos que gira incesantemente a nuestro alrededor, igual que lo hace la Tierra alrededor del Sol -es el llamado *"movimiento orbitario"*-, pero si a la Tierra le cuesta completarlo un año, la Luna lo realiza en tan sólo algo más de 28 días. Me dirás que la vemos todas las noches, pero eso no tiene nada que ver con su órbita. La vemos todas las noches porque -no lo olvides, por favor- giramos una vez cada día y desde nuestras sillas observamos todo el universo que nos rodea (estrellas, Sol, Luna…) cada 24 horas.

Todos los tratados de astronomía refieren que los movimientos orbitarios de la Tierra y demás planetas alrededor del Sol, así como los de los satélites alrededor de sus planetas, describen trayectos elípticos. Es rigurosamente cierto; no son circunferencias. Pero también es cierto que, a menudo, los esquemas y dibujos explicativos acentúan las características de estas elipses. En la realidad, y en la mayor parte de los casos, son elipses muy poco "*alargadas*"; algunas de ellas, a primera vista, podrían parecer circunferencias. Todos sabemos que una elipse es una curva cerrada que posee dos centros (a partir de ahora les llameros "*focos*") situados simétricamente en su diámetro mayor (figura 6).

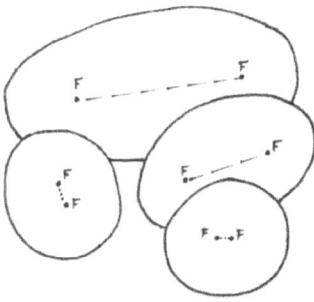

Figura 6

Cuanto más separados estén estos focos entre sí, más "*alargada*" será la elipse; cuanto más próximos, más se irá redondeando; y si ambos focos llegan a juntarse en uno solo, entonces, aparecerá una espléndida circunferencia.

¿Y por qué damos tanta importancia a esto de la elipse, sus focos, su forma…? Pues porque todos, óyeme bien, "*todos*" los movimientos orbitales del universo (siempre que un astro gira alrededor de otro) describen trayectos elípticos de características propias. Además, el astro al cual rodean con su movimiento está situado exactamente en uno de los dos focos de la elipse. Aunque parezca mentira, ningún trayecto astronómico dibuja una circunferencia perfecta, y, mira por dónde, todas las elipses son perfectas en sí mismas.

¿Quieres hacer una pausa para pensar? ¿Verdad que creías que la circunferencia, el círculo, la esfera, eran lo realmente perfecto, simétrico en sí mismo? Muchas maravillas nos aguardan; vayamos despacio (los clásicos españoles escribirían: *"de espacio"*. ¿Lo pillas?).

En el caso de la Luna, su trayecto elíptico hace que la diferencia entre la distancia más próxima y la más alejada a la Tierra –situada, ya lo hemos dicho, en uno de los focos- es de unos 20.000 km, es decir, menos del 5% de la distancia media (380.000 km). Eso confirma, como ya hemos adelantado, que su elipse es muy poco pronunciada.

Vamos, ahora, a inventarnos un artificio. Vamos a intentar un juego imposible pero esclarecedor. Nos ayudará a entender mejor lo que estamos tratando e, incluso, otras nociones que veremos más adelante.

Supongamos (ya sé que es mucho suponer) que, de repente, la Tierra detiene su movimiento de giro alrededor de su eje Norte-Sur (ya descrito en el capítulo anterior). Si, con la Tierra parada, nosotros nos trasladamos al lado contrario del que ilumina el Sol, nos tumbamos en el suelo mirando al cielo con nuestras cabezas orientadas hacia el Norte, estaremos continuamente sumidos en la noche durante medio año (ese detalle lo dejamos para más adelante). Y la oscura esfera celeste, llena de estrellas (que serán siempre las mismas porque, como no giramos, estarán inmóviles), constituirá, estática y permanentemente, el único espectáculo que se ofrecerá a nuestra vista.

¿Seguro que ocurrirá eso? ¿Pues, no habíamos dicho que la Luna nos da una vuelta completa cada veintiocho días?

Si, es rigurosamente cierto. Por lo tanto, ocurrirá que, tras 14 días (14 periodos de 24 horas), aburridos de contemplar siempre el mismo paisaje, nuestra amiga nos sorprenderá. Aparecerá muy baja en el horizonte, a la derecha, irá ganando altura y se trasladará hacia la izquierda para, bien bajita otra vez, desaparecer por el horizonte del otro lado. Realizará su recorrido a velocidad lenta (le costará 14 días), uniforme y majestuosa. Nos deleitará con su visión y alumbrará nuestra perpetua oscuridad con su plateado reflejo de la luz solar (figura 7).

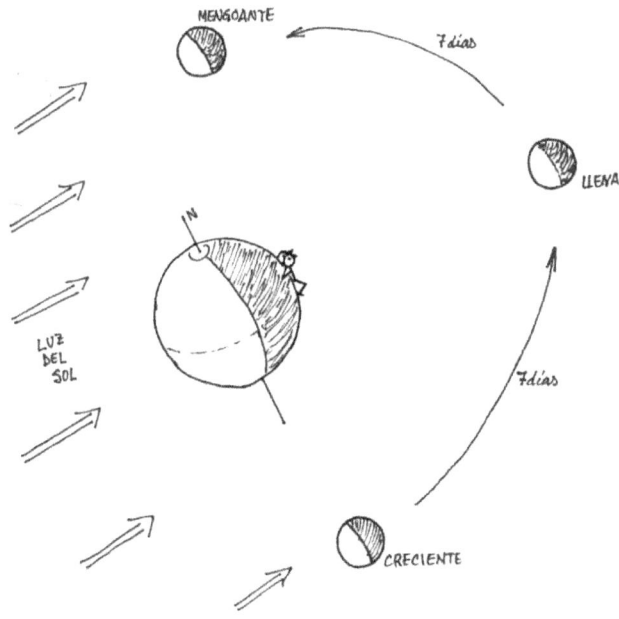

Figura 7

Pero, habrá algo más. Cuando La luna "*amanezca*", apareciendo en el horizonte de nuestra derecha, sólo nos mostrará iluminada media esfera; tendrá forma de "*D*" con la parte curva orientada hacia el lejano lugar donde se encuentra el invisible Sol. Durante los siete días siguientes irá rellenándose progresivamente (fase de "*cuarto creciente*") hasta situarse en su mayor altura sobre el negro horizonte. En ese momento, su forma, a nuestra vista, será completamente redonda; el Sol, desde al otro lado de la Tierra, la iluminará de frente, por completo. Estará espléndida, más brillante que nunca; estará en fase de "*luna llena*". A continuación, poco a poco, a medida que descienda hacia el horizonte de nuestra izquierda volverá a tomar la forma de "*D*", también con la parte curva mirando hacia el sol (sólo media esfera). Nosotros, girando la cabeza hacia ella, la observaremos como una D escrita al revés. La Luna se encontrará en este momento en fase de "*cuarto menguante*".

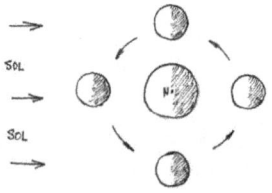

Figura 7 bis

¿Te das cuenta? Ya hemos comprendido, sin apenas esfuerzo, las famosas "**fases**" de nuestro satélite (figura 7 bis). Pero aún podemos aprender un poco más.
Sigamos con la Tierra frenada. Que no gire. Y nosotros, en un alarde de imaginación, en sólo un segundo, nos trasladamos al otro lado; allí donde el

Sol luce sin cesar, inmóvil; donde el día reinará durante otros seis meses y no se podrán ver las estrellas.

Cuando conseguimos llegar al lugar donde el Sol esté más alto sobre el horizonte, nos volvemos a tumbar, siempre con la cabeza orientada hacia el Norte (fig. 8).

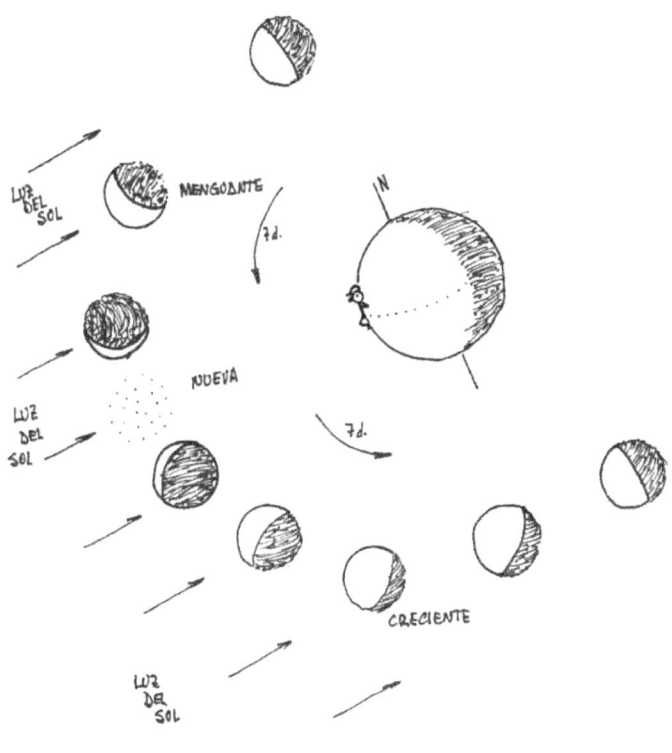

Figura 8

Pronto aparecerá la Luna por nuestra derecha con la "*D*" al revés del cuarto menguante, se adivinará muy tenue, azulada-grisácea sobre el horizonte, ahora ya, iluminado. Irá ascendiendo durante 7 días, afinándose para adoptar la forma clara de una "*C*" que progresará hasta parecerse a un fino corte de corteza de melón porque el sol la alumbrará cada vez más de perfil. Y, cada vez más tenue, se irá haciendo invisible a medida que se acerque al lugar donde el Sol, inmóvil, acabe por hacerla desaparecer, cegándonos con su luz. Estamos ya en fase de "*luna nueva*" (es lo mismo que decir: "*luna desaparecida*"). Luego, unos días después, nuestra amiga aparecerá, apenas visible, hacia la izquierda del Sol, en forma de fina "*C al revés*" y se irá rellenado hasta desaparecer por nuestra izquierda, con la forma de una "*D*" (cuarto creciente), después de otros 7 días.

Ya tenemos aclarado por completo el fenómeno de las fases de la Luna.

Si ahora, utilizando nuestra portentosa imaginación liberamos el freno del giro de la Tierra y esta comienza a moverse, todo volverá a la normalidad diaria. Observaremos la sucesión de las fases lunares pero sólo podremos constatar bien la variación de las "*formas*" cuando la Luna aparezca en el cielo de cada noche. No en vano volvemos a girar sin cesar y se suceden el día y la noche.

Vamos ahora a tratar otro tema que también es consecuencia del movimiento orbitario de la Luna: los preciosos "***Eclipses***". Has oído decir que existe el eclipse de Sol y el de Luna. Ambos fenómenos tienen en común la privación de la luz directa: la sombra.

Si en una habitación encendemos un foco de luz y yo me coloco delante de ti, alineado con el foco (los tres estamos en la misma línea imaginaria), es muy probable -sobre todo si yo soy el más grande- que mi sombra te impida ver la luz. Tú no verás la luz porque yo te la oculto, y yo no te veré a ti porque estarás a oscuras (figura 9).

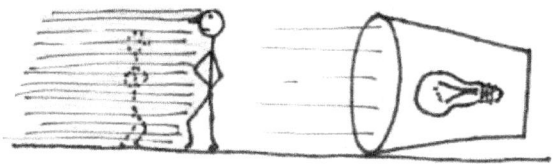

Figura 9

Podríamos decir, en este caso, que "*tú*" estarás presenciando un eclipse del "*foco de luz*" (porque no lo ves), y "*yo*" estaré presenciando un eclipse de "*ti*" (porque no te veo) (figura 10).

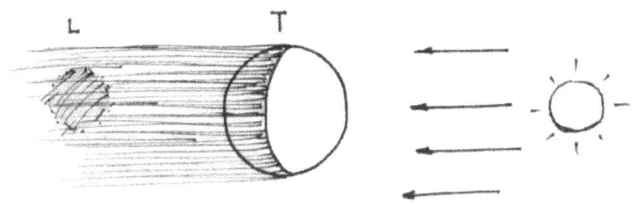

Figura 10

Si el foco es el Sol, yo soy la Tierra y tú la Luna, desde la Tierra, los habitantes que estén en el lado contrario al Sol estarán presenciando un eclipse de Luna (que irá desapareciendo en la noche, oculta tras la sombra de la Tierra). Y, en ese mismo momento, si en la Luna hubiera habitantes (se llamarían selenitas, en honor a "*Selene*", diosa griega de la Luna), estarían presenciando un eclipse de Sol (que iría desapareciendo del oscuro cielo lunar, oculto tras la sombra de la Tierra).

Todo ello ocurre con la Tierra en medio; entre el Sol y la Luna.

Pero puede ocurrir lo contrario: que seas tú (la Luna) el que se sitúe entre el foco (el Sol) y yo (la Tierra) y me ocultes el foco (figura 11).

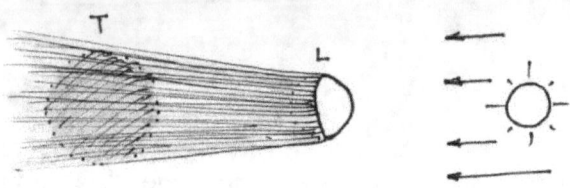

Figura 11

Desde la Tierra, a pleno día, el Sol irá ocultándose tras la sombra de una Luna invisible que pasa por delante de él y lo oscurece (el día parecerá casi, casi, la noche). Y en este supuesto, los "*selenitas*" que se encuentren en el lado de la Luna opuesto al Sol estarían presenciando un "*eclipse de Tierra*" porque desaparecería en su noche lunar.

Esta es la explicación en líneas generales de lo que llamamos "*eclipse*".

Para que se produzcan es necesario que la Luna se encuentre en fase de Luna Llena o Nueva, porque es en esos momentos cuando los tres astros implicados están alineados.

Como ahora ya conoces el mecanismo de estos fenómenos, me dirás: "*Eso acontece cada 14 días; sin embargo, los eclipses no son tan frecuentes*".

Es cierto; bien pensado.

Lo que ocurre es que, debido a que la inclinación del eje de rotación de la Tierra y el de la órbita lunar no son totalmente paralelos, los dos astros, aunque estén alineados en un plano, sólo se disponen en la misma línea recta con el Sol en contadas ocasiones. Es necesario que los tres astros estén alineados en la intersección de dos planos (línea recta). Es en esos casos particulares cuando se visualiza un eclipse (figura 12).

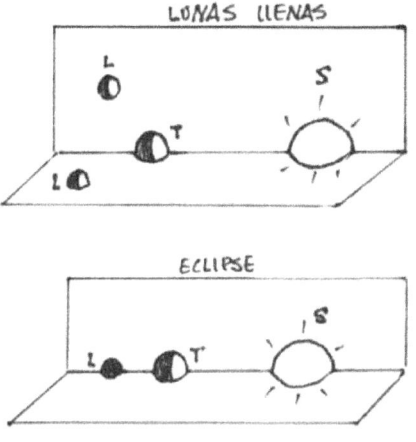

Figura 12

Por otro lado, debido a la diferencia de tamaño entre la Tierra y la Luna, y al gran tamaño del Sol (a pesar de su lejanía), en muchas ocasiones los eclipses no abarcan toda la esfera del astro. A veces se producen sombreados de sólo una parte de la Luna (eclipses parciales); en otras, ésta es incapaz de tapar todo el disco solar y deja ver la parte exterior del mismo (eclipse anular del Sol). Y por el mismo motivo, cuando la Luna no consigue sombrear toda la esfera terrestre, el eclipse es visible únicamente desde una zona determinada de la Tierra (figura 13).

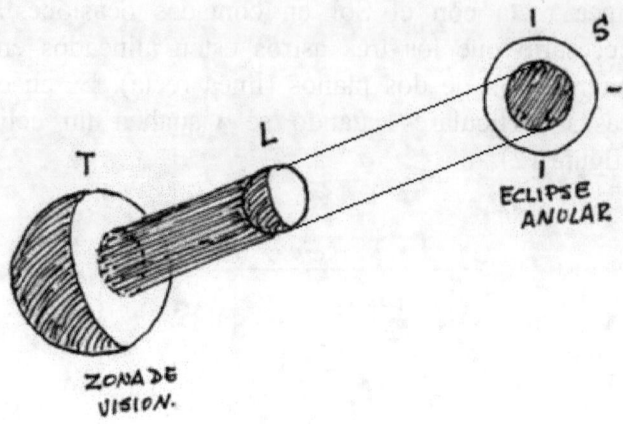

Figura 13

Puedes imaginar muchas combinaciones. Puedes, incluso (ya lo mencionamos antes), suponer que eres un selenita (o un astronauta en la superficie lunar) y, cerrando los ojos, recrear la fantasía de los eclipses que podrás observar desde allí cuando la Tierra se alinee con el Sol y lo oculte, o cuando la Luna, con el Sol detrás de ella, proyecte sombras sobre la Tierra.

Por el momento, y como consecuencia directa del movimiento orbitario de la Luna hemos estudiado las Fases y los Eclipses. Pero existe, además, otra repercusión que nos afecta de forma directa: la existencia de las **Mareas**.

La Luna es satélite de la Tierra porque se encuentra atraída por esta (a su debido tiempo estudiaremos las leyes que rigen la atracción entre los astros y conforman sus movimientos: Primera ley de Newton y leyes de Keppler) pero, a su vez, la masa de la Luna ejerce también cierta atracción sobre la Tierra. El efecto de esa atracción es apreciable en zonas *"móviles"* de la superficie terrestre. Las aguas que constituyen los océanos son arrastradas por esa fuerza

32

y experimentan movimientos de ascenso y descenso (figura 14; Tierra vista desde el polo S).

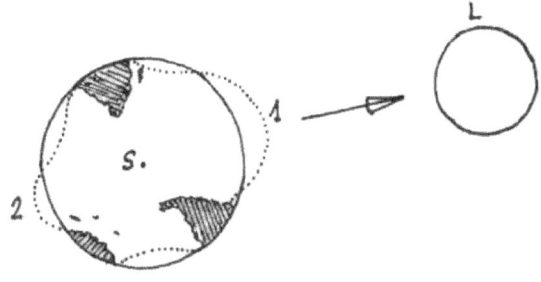

Figura 14

Como la Tierra gira sobre sí misma cada 24 horas, las aguas se elevan por encima de su altura habitual una vez al día al paso de la Luna. Y, como en el lado contrario de la Tierra el agua está menos atraída que los continentes, se produce otro abultamiento opuesto al primero.

Resultado: existe una elevación del nivel del mar en los océanos cada 12 horas. Son las "mareas".

Por el mismo principio de la atracción de los astros, cuando el Sol y la Luna están alineados (en las fases de Luna Llena y Luna Nueva), la atracción del Sol se suma a la de la Luna y la marea es más alta. Hablamos, entonces, de *mareas vivas* (figura 15).

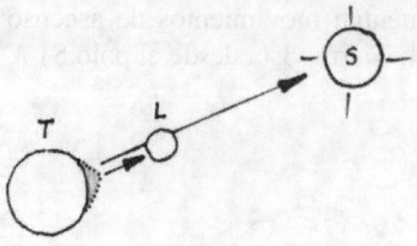

Figura 15

Hasta aquí hemos considerado todo lo relativo al movimiento orbitario de la Luna alrededor de la Tierra; pero la Luna posee (al igual que la Tierra) otro movimiento que le es propio: la rotación sobre sí misma alrededor de un eje: el **giro**. Y existe una circunstancia que debes conocer: la Luna emplea el mismo tiempo en completar ese giro sobre sí misma que en dar la vuelta alrededor de la Tierra (concretamente: 27′322 días). Esa particularidad recibe el nombre de "*resonancia síncrona*". Parece una increíble coincidencia; sin embargo, ocurre también en muchos satélites de otros planetas de nuestro sistema solar (Júpiter y Saturno). Para que ello se produzca es necesario que el satélite sea suficientemente grande y esté suficientemente próximo a su planeta. De ese modo, la fuerza de atracción es intensa y el astro que orbita por el exterior acompasa su propio giro a la velocidad de su órbita (figura 16).

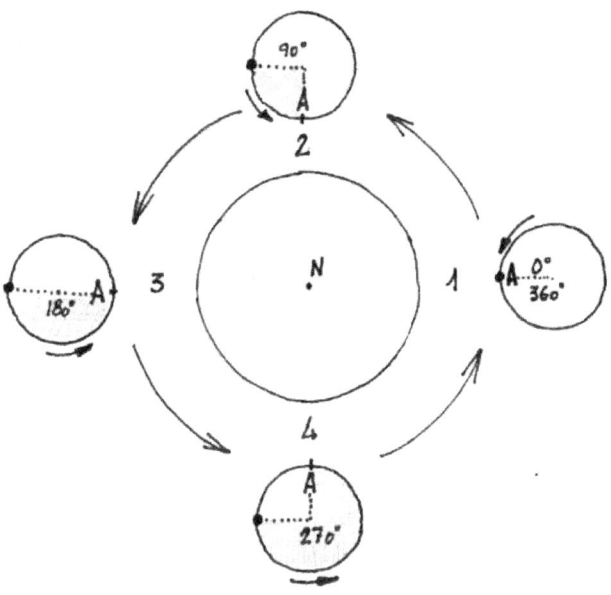

Figura 16

¿Esa coincidencia tiene alguna consecuencia? Por supuesto. Esa coincidencia es la responsable de que desde la Tierra sólo podamos ver una cara de nuestra Luna. Piénsalo bien: gira en 28 días y nos da una vuelta cada 28 días. Siempre nos mira con la misma cara.

Es fácil de entender: si tú estás inmóvil y yo doy una vuelta a tu alrededor sin dejar de mirarte (sin dejar de darte siempre la cara), siempre te estaré observando (figura 17); y, además, tú nunca podrás ver mi nuca.

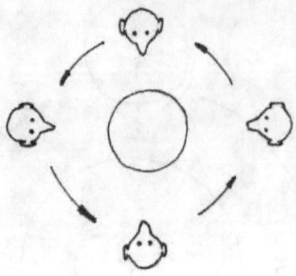

Figura 17

Aunque vayas girando para seguirme con la mirada, nunca verás mi espalda. Te habré dado una vuelta completa pero también yo habré tenido que dar una vuelta completa sobre mí mismo para conseguirlo.

Ahora, piensa un momento y mira la misma figura: Si nos trasladamos a la Luna y nos sentamos en la cara que mira a la Tierra (en la nariz), siempre la tendremos a la vista; pero si nos trasladamos a la cara opuesta (en la nuca)… nunca la podremos ver. Jamás tendremos conocimiento de la existencia de la Tierra. ¡Qué fuerte! ¿Eh?

Pues desde la Tierra ocurre lo mismo. Si no fuera porque hemos enviado satélites a fotografiar la cara invisible de la Luna, seguiríamos sin saber nada de su aspecto.

Vamos a seguir jugando a ser habitantes de la luna (pronto nos nombrarán "*hermanos predilectos*" de los selenitas), pero sin olvidar el movimiento del satélite sobre sí mismo; ese giro que estamos estudiando últimamente y que consigue completar en unos 28 días terrestres (de 24 horas).

Aquí en la Tierra, la palabra "*día*" expresa un periodo de 24 horas que integra, sucesivamente, el periodo de luz solar (día propiamente dicho) y de su ausencia (noche). Podemos decir, para entendernos de alguna manera, que implicamos al Sol y a su ausencia para definir el concepto "día". Dicho de otro modo -y perdona que sea tan reiterativo- el giro terrestre origina el día y la noche.

Pero acabamos de decir que somos habitantes de la Luna. ¿Cómo será el *"día lunar"*? ¿Te atreves a imaginarlo? ¿Cuánto durará; habrá día y noche; aparecerá el Sol? ¿Qué ocurrirá con la Tierra?

Imagina y deduce conmigo: estamos tumbados en algún lugar de la Luna, juntos y expectantes, observando el espacio que se extiende sobre nosotros (figura 18).

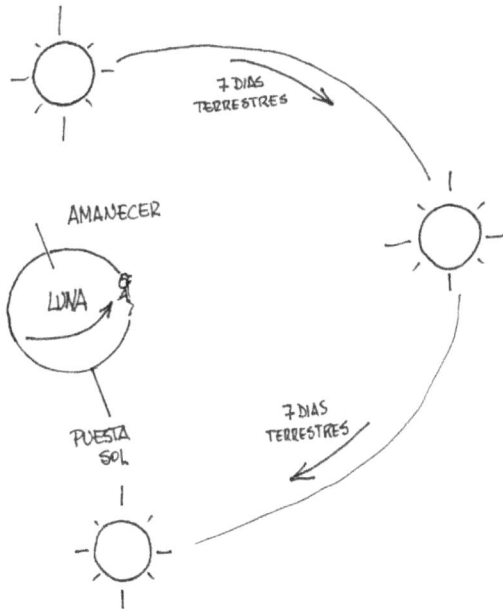

Figura 18

Si completamos un giro lentamente cada 28 días, es fácil comprender que en algún momento, el disco del Sol amanecerá, surgiendo muy lentamente por el horizonte. Tan lentamente que hasta que no transcurran unos 7 días no habrá alcanzado su máxima altura. ¡Una semana para llegar al "*medio día*" de la Luna!

Hará falta otra semana para que vaya descendiendo hasta que se ponga por el horizonte del otro lado. Dos semanas, en total, con el Sol a la vista, pero ¡ojo!, un Sol limpio, muy nítido, muy brillante… en un cielo completamente negro y lleno de estrellas.

En la Tierra, el cielo "*solar*" es de color azul, pero eso es consecuencia de nuestra atmósfera; en la Luna no hay aire y por tanto la luz del Sol no puede iluminar nada, salvo que se refleje en algún cuerpo de la superficie. Y como sólo encuentra polvo, piedras y rocas, todo el espectro luminoso visible será el gris; diferentes tonos de gris (salvo los objetos de color que hayamos llevado con nosotros). Sin embargo, cuando la mirada se extienda al horizonte… todo será negro excepto el disco solar y las estrellas que brillarán, espléndidas, sin el impedimento de una atmósfera iluminada; igual que en la noche, sin importar que el sol esté visible.

Tras la puesta del Sol, entraremos en otras dos semanas de "*noche lunar*". El espacio estrellado irá desfilando sobre nosotros hasta que se inicie un nuevo amanecer. Y tanto la puesta como la salida del Sol serán sin anunciarse; no habrá horizonte de amanecer ni de atardecer; el sol se moverá siempre sobre un espacio negro, vacío y frio.

A propósito: durante el día lunar, la temperatura (sin una atmósfera que atenúe los rayos solares) alcanzará fácilmente valores de 125°C, pero durante las dos semanas de la noche, el termómetro (si decidimos llevar uno con nosotros deberá ser un poco especial) marcará los -230°C. Has leído bien: el agua herviría durante el día y se ultra congelaría durante la noche.

Ya te estás dando cuenta de que la Luna no es tan poética como nos quieren hacer ver. El Sol estará "*enamorado de la Luna*", pero no la trata demasiado bien. Y te estarás dando cuenta, también, de lo mucho que tenemos que agradecer a nuestra inestimable atmósfera terrestre y, sin embargo, lo poco que nos preocupamos de ella.

Y, hablando de la Tierra, ¿por dónde andará? ¿La veremos en algún momento de nuestro día/noche lunar?

Pues, depende. Depende del lugar que hayamos escogido para observar: si, casualmente, nos hemos colocado en el lado de la Luna que nunca es visible desde la Tierra, tampoco nosotros veremos nunca a nuestro planeta (ya lo comentamos anteriormente); pero, si nos hemos tumbado en la cara que siempre mira a la Tierra, podremos ver algo espectacular (figura 19).

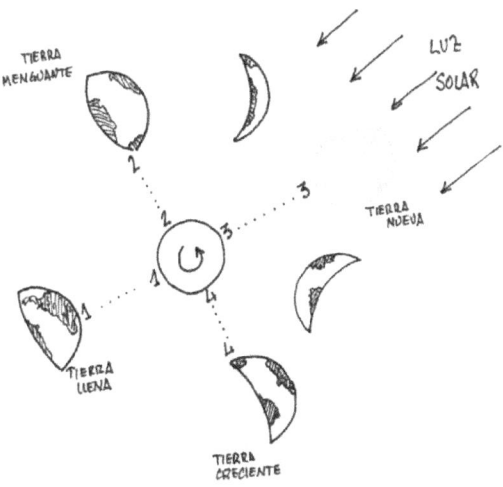

Figura 19

Tanto durante el día como durante la noche lunar, la Tierra -una Tierra muy bella, azul plateada, envuelta en una atmósfera luminosa- aparecerá eternamente a nuestra vista sobre el negro horizonte, prácticamente inmóvil.

Durante el periodo de *"noche lunar"*, el Sol (desde nuestra espalda) la iluminará en creciente, llegará a llena y pasará a menguante del mismo modo que se producen las fases de la Luna observada desde la Tierra. Durante el *"día lunar"*, con el Sol, muy lejano, recorriendo el negro cielo, la Tierra, en fase de menguante, irá *"adelgazando"*, sin perder luminosidad a pesar de que irá acercándose al Sol, desaparecerá en fase de *"Tierra Nueva"* cuando esté alineada con él y volverá a aparecer, bien afilada por su otro lado para ir rellenándose hasta enlazar con la *"Tierra creciente"* y completar el ciclo de 28 días, durante los que, repito, nunca dejaremos de verla y además, inmóvil; siempre en el mismo lugar.

El espectáculo debe ser, tal vez, uno de los más fascinantes de nuestro sistema planetario. ¡Lástima que no existan poetas en la Luna! Si los hubiera, seguro que dirían *"el Sol está enamorado... de la Tierra"*.

Como aún nos encontramos en la Luna, y antes de regresar, vamos a aprovechar las dos semanas de luz solar para explorar el satélite.

Lo primero que nos sorprenderá es lo ligero que caminamos, lo alto que podemos saltar en el vacío que reina en su superficie. Eso es posible porque, debido a su menor masa respecto a la Tierra, su gravedad es la sexta parte. Pesamos seis veces menos. No hace falta que te diga que no vamos a preocuparnos del vacío, el tórrido calor (es día lunar), la ausencia de oxígeno... porque la fantasía tiene muchas ventajas.

Cuando miremos a nuestro alrededor no divisaremos demasiado terreno porque como la Luna es relativamente pequeña en comparación con la Tierra, la curvatura de la superficie esférica es mayor y el horizonte está a tan solo 3'5 km de distancia.

Desde la Tierra, a simple vista, al mirar a la Luna apreciamos imágenes irregulares; unas más oscuras; otras más brillantes. Ya antes de que se utilizara el primer telescopio se les puso nombre: "*Mares*" a las zonas oscuras; "**Continentes**" a las más claras (figura 20).

Figura 20

La realidad es que los continentes son las zonas altas de la superficie lunar, porque las zonas más bajas fueron inundadas por enormes masas de lava procedente de volcanes lunares. Esa lava se enfrió y formó esas superficies planas y más oscuras: los mares. Eso ocurrió cuando la Luna aún era joven y tenía abundante actividad volcánica (hace unos 3.500 millones de años).

El resto de la superficie abarca las zonas más altas que se libraron de esa inundación y que han estado más tiempo expuestas al bombardeo de miles y miles de meteoritos procedentes del espacio. La huella de estos impactos la constituyen cráteres de todos los tamaños que aparecen de forma generalizada; desde muy pequeños (tan sólo algunos metros de diámetro) hasta mucho mayores (casi 300 metros) (figura 21).

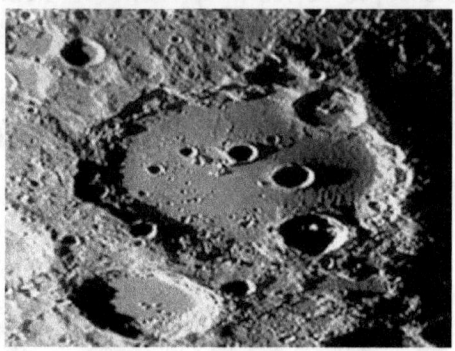

Figura 21

Todos tienen un borde circular formado por elevaciones montañosas; algunas de ellas alcanzan alturas considerables. Las hay, incluso, más altas que nuestro Everest.

No importa por donde caminemos, siempre apreciaremos nuestras huellas marcadas en una especie de arena muy fina, parecida al polvo, muy ligera y, cómo no, de color gris. Es una capa de sedimento de restos inorgánicos espaciales que se van depositando hasta alcanzar espesores considerables (cuatro metros sobre las llanuras de los jóvenes mares; hasta diez metros sobre los continentes, más "*antiguos*"). Es el llamado "*regolito*": polvo espacial y restos de meteoritos que durante millones de años han ido acumulándose sin que nada les moleste porque no existe atmósfera ni agua; no hay vientos ni erosión.

Este regolito también está presente en cualquier otro planeta o satélite sólido de nuestro sistema planetario (y digo sólido porque hay alguno que tiene muy poco de sólido y mucho de gaseoso; lo estudiaremos más adelante).

Incluso en la Tierra -a pesar de que la atmósfera dificulta su llegada, y lo dispersa con la erosión- existen lugares donde se detecta este sedimento. En el fondo de las simas marinas, donde apenas hay corrientes ni movimientos, donde las moléculas de agua tardan miles de años en renovarse, se encuentran muchos metros de espesor de esta "lluvia" de polvo mineral procedente del espacio.

No podemos despedirnos de la Luna sin hacer referencia a su origen. Existen muchas teorías, pero la más aceptada es la de que con mucha probabilidad, hace unos 4.000 millones de años, en una época en que los movimientos planetarios eran mucho más inestables que los que conocemos en la actualidad, algún meteorito muy grande impactó sobre la Tierra con una trayectoria tangencial y envió al espacio, como consecuencia del golpe, una porción importante de la corteza terrestre.

Todo este material, a corta distancia de nuestro planeta y fuertemente atraído, comenzó a orbitar a su alrededor. Poco a poco (en el reloj espacial, "*poco a poco*" puede ser lo mismo que decir: "*en algunos cientos de millones de años*"), toda esa masa, desprendida y esparcida a nuestro alrededor, fue reuniéndose, adoptando forma redondeada y, sin cesar en su movimiento orbitario, constituyó la Luna.

De hecho, se sabe con certeza que, en su inicio, el trayecto de la órbita lunar estaba mucho más próximo a la Tierra. Y me va a gustar mucho informarte de que se ha demostrado sin lugar a dudas que la distancia entre Tierra y Luna aumenta casi 4 centímetros al año.

Prepárate. Voy a intentar explicarte lo que ocurre (espero conseguirlo, pero no estoy muy seguro).

Recordarás que la atracción de la Luna produce mareas en los océanos terrestres.

Como las ingentes masas de agua se mueven a velocidad distinta de las tierras que las rodean, se produce un rozamiento entre líquidos y sólidos, y esa fricción, de alguna manera, constituye una especie de freno infinitésimamente pequeño en el movimiento del giro terrestre. Esa pérdida de energía de giro es transmitida a la Luna que capta la diferencia y se apropia de ella.

Consecuencia: la Tierra disminuye su velocidad de giro y la Luna gana energía orbitaria, compensando la ecuación de la atracción entre astros (tiempo tendremos de tratar de ello) y se va alejando.

El fenómeno de intercambio es tan leve que parece que no vaya a haber consecuencias, pero si dejamos de pensar como humanos terrícolas y adoptamos mentalidad cósmica, podremos decir que hace algo más de 300 millones de años la Tierra giraba en poco más de 20 horas, y la órbita de la Luna estaba unos 15.000 km más cerca de lo que está en la actualidad.

¿No habíamos dicho que el universo, el cosmos, era *"el conjunto ordenado de todas las cosas"*? Tal vez no es tan ordenado ni tan predecible como nos han hecho creer; tal vez se parezca más a un *"caos"*.

Tenemos mucho tiempo para sorprendernos, pero ahora vamos a abandonar la superficie de la Luna; nos volvemos a casa, a nuestra Tierra. Dejamos allí las huellas de nuestra excursión. Te aseguro que permanecerán inalterables durante millones de años (a no ser que un meteorito les caiga encima y las haga desaparecer).

De nuevo, cómodamente sentados, estudiaremos prodigiosos trayectos por el espacio. Y no iremos solos, nuestro buen satélite nos acompañará, siempre fiel (aunque se vaya alejando cuatro centímetros al año).

Y damos vueltas al Sol

Vamos a resumir en tres líneas lo que ya conocemos: La Tierra gira sobre sí misma en 24 horas (un día terrestre); la Luna gira, también sobre sí misma, en 28 días terrestres y, mientras tanto, órbita alrededor de la Tierra en 28 días terrestres. Así de simple.

Pero la Tierra es un planeta del sistema solar, lo cual quiere decir que, sin dejar de ocurrir todo lo que hemos resumido, se desplaza en un trayecto elíptico alrededor del Sol. Ese movimiento orbital de la Tierra recibe el nombre de **traslación**, y la elipse sobre la que se desplaza se denomina **eclíptica,** nombre de origen griego que significa *"productora de eclipses"*. Pronto sabremos por qué.

Al tiempo que tarda la Tierra en completar esa traslación le hemos llamado año y hemos observado que durante ese *"año"* giramos unas 365 veces (días).

La distancia media entre la Tierra y el Sol es de 150 millones de km. Y como el Sol se sitúa en uno de los focos de la eclíptica, cuando nos encontramos en el lugar más alejado es de 152 millones, mientras que en el lugar más próximo es de 147. Podemos observar, pues, que se cumple lo que ya dijimos: la elipse es poco pronunciada.

La parte de la curva elíptica que está más cerca del Sol se denomina **perihelio** (del griego: *"alrededor del Sol"*), mientras que la más alejada (aunque sólo hay 5 millones de km de diferencia) es el **afelio** ("alejado del Sol") (figura 22).

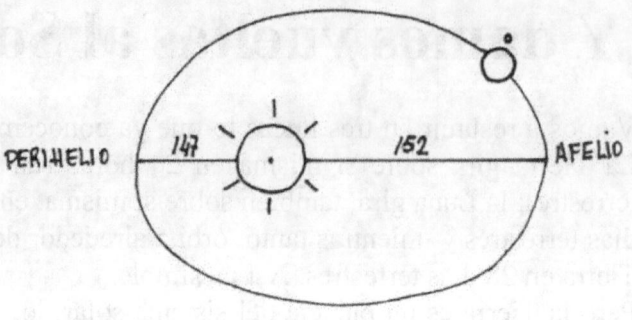

Figura 22

Y ya te anuncié que todos los planetas describen órbitas elípticas alrededor del astro central que los mantiene *"cautivos"*. Pues bien, fíjate qué maravilla: acabamos de conocer, de golpe, dos leyes de extraordinaria importancia; tanto, que son las que rigen el comportamiento del universo. Nada más y nada menos que la ley de *"**gravitación universal de Newton**"* y la *"**primera ley de Kepler**"*.

¿Recuerdas el típico relato que describe lo que pensó Newton cuando, descansando tranquilamente en el campo, vio caer una manzana del árbol? Dedujo que existía una fuerza que atraía entre sí a todos los objetos y, por supuesto, a todos los astros. El caso es que, dejando aparte la famosa fábula, el genial sabio puso el nombre de *"**gravedad**"* a esa fuerza. Y en 1687 llegó a la conclusión de que todos los cuerpos (en realidad: todas las "masas" que los integran) se atraen mutuamente; y que esa atracción es tanto mayor cuanto más grandes son; pero que se debilita de forma muy significativa si se separan entre sí.

Vamos a ser científicos porque, si a estas alturas sigues interesado en la astronomía, te lo mereces: *"La atracción experimentada entre dos masas es proporcional al producto de esas masas e inversamente proporcional al cuadrado de la distancia que las separa."*

O sea, repito, si hay menos masa, disminuye la fuerza de atracción de la gravedad; y si esas masas se separan, también disminuye, pero de forma mucho más acentuada (si se separan 10 unidades de medida, la atracción entre ellos disminuye 100 veces).

Comprenderás, entonces, una conclusión básica: si un astro es más grande que otro, su fuerza de atracción será la mayor y obligará al más pequeño a que se traslade a su alrededor. El astro pequeño, que antes de encontrar al grande tenía un trayecto rectilíneo y una velocidad propia, pretenderá escaparse de la atracción del grande, pero éste lo tendrá atrapado en su campo de gravedad y no lo dejará libre.

Si tú estuvieras flotando en el espacio y fueras suficientemente grueso (trillones y trillones de kilos), te sacaras una piedra del bolsillo y la lanzaras al vacío con fuerza -pero no tanta como para que pudiera escapar de tu fuerza atractiva-, la piedra describiría un trayecto curvo (figura 23).

Figura 23

49

Esa curva se iría cerrando hasta llegar un momento en que volvería hacia ti (como un boomerang), te pasaría cerca y volvería a alejarse intentando escapar sin conseguirlo. Nunca llegaría a golpearte porque siempre mantendría la velocidad con que la lanzaste (en el espacio no hay rozamiento y el movimiento es constante). Fabuloso, ¿verdad?

Al final, prisionera de tu fuerza de atracción gravitatoria (tus trillones de grasa), se resignaría y trazaría esa maravillosa elipse donde el equilibrio de las fuerzas gravitatorias la mantendría para siempre. Y tú estarías en uno de los focos de esa elipse.

Increíble pero cierto: sin que nadie nos los explique hemos coincidido con Kepler; ese fabuloso matemático y astrónomo que en 1609 y 1618 resumió sus observaciones y anunció sus famosas leyes. Sabemos ya la primera: *"Todos los planetas se desplazan alrededor del Sol describiendo órbitas elípticas; y el Sol se encuentra en uno de los focos"*.

Cuando iniciaste la lectura de este manual te prometí que nos íbamos a sorprender al conocer las direcciones y velocidades a las que, sentados en nuestras estables sillas, nos estábamos moviendo.

De momento ya sabemos que si vivimos cerca del ecuador estamos girando a 1.600 km por hora. ¿Pero a qué velocidad nos trasladamos por la órbita solar?

Seguro que sabes resolverlo. La distancia Tierra-Sol - 150 millones de km- es el radio que multiplicado por 2 y por 3'1416 (constante *"pi"*) nos permitirá conocer la longitud de la *"casi"* circunferencia que recorre la Tierra. Dividida esta cifra por 365 días, obtendremos la velocidad en km por día. Divide el resultado entre 24 y el resultado será la velocidad en km por hora. La cifra final es algo mayor de 100.000 km por hora.

Conclusión: ¡nos trasladamos a 100.000 km/h sin dejar de girar a 1.600 km/h!

Para comenzar no está mal. "*¿Para comenzar?*", me preguntarás. Si, si, ten un poco de paciencia que sólo estamos al principio.

En la realidad, esos algo más de 100.000 km/hora no son constantes. La Tierra aumenta sensiblemente su velocidad cuando comienza a acercarse al Sol (perihelio), alcanza el máximo cuando lo rodea de cerca y va disminuyendo su marcha mientras se aleja hacia el otro lado de la elipse (afelio).

La piedra que arrojaste al espacio va más despacio a medida que se aleja porque la velocidad inicial con que salió de tu mano está siendo frenada por la atracción de tu cuerpo. Cuando se anula el impulso inicial, la piedra vuelve hacia ti y la atracción se acentúa porque la distancia va disminuyendo. Cuando llega a tu lado está embalada y quiere pasar de largo pero la atracción es muy fuerte, le obliga a darte la vuelta y comenzar otra órbita. Y así para siempre, salvo que algún otro "*gordo*" (un amigo más gordo que tú; un astro con mayor masa) pase por allí cerca y desbarate todo ese maravilloso equilibrio. Se producirán condiciones nuevas de masas y distancias y es posible que tu piedra te abandone o, incluso, que seas tú quien se ponga a orbitar alrededor de tu gordísimo amigo. Lo que sí ocurrirá es que se producirán nuevos sistemas equilibrados y que Kepler y Newton seguirán teniendo razón.

Es el caos en el cosmos; el desorden en el orden. Somos "*nosotros*" los que añadimos la sorpresa y la emoción. ¿Hay algo más bello?

Además, igual que ocurrió anteriormente, casi sin darnos cuenta hemos adelantado la **segunda ley de Kepler**: "*El radio del astro que está orbitando barre áreas iguales en tiempos iguales*" (figura 24).

51

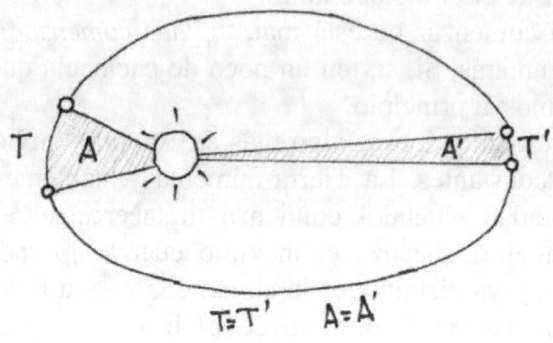

Figura 24

Así, de golpe, parece poco comprensible, pero en realidad es muy simple. Viene a decir lo que ya habíamos anunciado: La velocidad de traslación de la Tierra es mayor cuando está cerca del Sol y disminuye cuando se traslada por el lado opuesto de la elipse; y la diferencia entre las velocidades es tal que en cualquier tiempo determinado se originan "*sectores elípticos*" semejantes, es decir: tienen la misma área.

Si observas la figura y te permites la licencia de comparar los sectores con triángulos, el que tiene la "*altura*" menor (distancia al Sol) deberá tener una "*base curva*" mayor para igualar la superficie del sector que tiene la "altura" más larga.

Es, en definitiva, una ley que de algún modo revela la proporcionalidad entre las variaciones de la velocidad de traslación. Y, si piensas un poco, te darás cuenta que se está cumpliendo la ley de Newton: las masas son constantes pero las distancias no; sin embargo, la proporcionalidad de las velocidades para completar el trayecto curvo cerrado (la elipse) es constante.

Cada vez pensamos más, ¿eh? Así debe ser.

Pues Kepler pensó mucho más que nosotros porque, sólo nueve años después de haber publicado sus dos primeras leyes enunció una tercera al decir que el tiempo que tarda un astro en recorrer la elipse de traslación orbital tiene una relación constante con la distancia media al astro que rodea.

No te asustes: *"El periodo orbital (tiempo) elevado al cuadrado es directamente proporcional a la longitud del radio mayor (distancia) elevada al cubo"*. Que viene a ser lo mismo que te he comentado tres líneas antes: *"Cuanto más lejanos están ambos astros entre sí, mucho más tiempo se tarda en completar una órbita"*.

Es una ley que, a simple vista, parece una tontería porque es lógico que así sea, pero el hecho de haber conseguido obtener la proporcionalidad entre el cuadrado del tiempo y el cubo de la distancia (¡Qué gran astrónomo y qué gran matemático!) es extraordinariamente importante. Tanto que, en cualquier sistema orbitario del universo, si conoces el tiempo de traslación de una órbita, lo elevas al cuadrado, y, de la cifra resultante, obtienes la raíz cúbica, el resultado será… ¡la distancia entre los dos astros! Y al revés, si conoces la distancia entre los astros, con una calculadora bien simple obtendrás, en un instante, el tiempo que tarda el astro exterior en completar esa órbita (los cálculos reales no son tan simples, hay que aplicar una constante de proporcionalidad, pero el concepto sí lo es).

Estamos vislumbrando juntos el sincronismo del universo; las leyes que han enunciado los astrónomos clásicos nos permiten intuir fenómenos que se están produciendo eternamente a nuestro alrededor. Desde que tú y yo nos conocemos, estamos moviéndonos -sentados en nuestras sillas- obedeciendo constantes matemáticas y, sin embargo, expuestos a variaciones imprevisibles. Pronto, sin abandonar nuestro sistema solar, rodeados de estrellas nos perderemos en el infinito; pero, por el momento, volvamos a nuestra Tierra. Volvamos a la eclíptica, orbitando alrededor del Sol. No dejemos que el deseo nos traicione. Todo llegará.

Me dirás: *"¿Para qué vamos a volver a la eclíptica si ya está todo comentado? ¿Qué más podemos estudiar en la traslación alrededor del Sol?"*

Eso es lo que piensas, pero existe una peculiaridad extraordinariamente importante. Tanto, que pronto vamos a comprender el motivo por el que en las zonas polares de la Tierra existe nieve y hielo; de que los climas de las zonas tropicales sean tan suaves; de que durante el recorrido de esa eclíptica (el año) se produzcan alternancias en las temperaturas, régimen de lluvias, horas de sol; de que en ocasiones la duración del día y la noche sean iguales o que domine uno sobre otra; de que mientras en el hemisferio Norte hace frío, hace calor en el Sur o al revés; de que existan las estaciones del año…

De sobra sabemos que la Tierra gira sin cesar sobre su eje Norte/Sur; sin embargo, no hemos hecho ninguna referencia a la posición de ese eje en relación al trayecto de la eclíptica. Y ahí es donde se encuentra la explicación a todos los fenómenos que te acabo de citar.

Pero antes de buscar esa explicación hemos de definir un nuevo concepto. Hemos hablado mucho de la eclíptica. Esa figura, esa elipse, ¿es plana o tiene tres dimensiones? El espacio nos reserva muchas sorpresas pero en este caso la figura geométrica a que nos estamos refiriendo no tiene truco, es totalmente plana. Todos los planetas del universo se mueven en órbitas planas y la Tierra no es una excepción. Es a ese plano por donde se traslada al que vamos a llamar: *"**plano de la eclíptica**"* (figura 25).

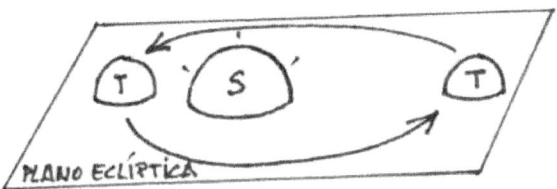

Figura 25

Definido este concepto, volvamos al tema del eje de giro de la Tierra. ¿Cómo se dispone ese eje en relación al recién conocido plano?, porque, bien pensado, puede hacerlo de mil maneras diferentes: perpendicular al plano, acostado sobre él y, si es así, orientado hacia el Sol o en dirección transversal... (figura 26).

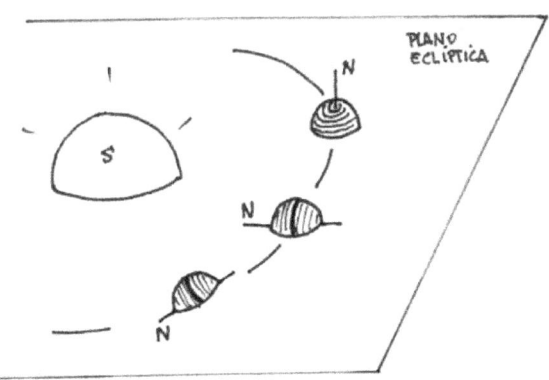

Figura 26

Según sea cada uno de los supuestos, así serán las zonas de insolación que recibirá la Tierra en cada giro de 24 horas. Es, por tanto, extraordinariamente importante averiguar la posición exacta y real de ese eje N/S.

Y aquí aparece un antiguo conocido nuestro: Eratóstenes. El mismo que, 300 años antes de Jesucristo, anunció que la Tierra era redonda y calculó su radio; el que nos legó gran número de trabajos astronómicos; el que desarrolló tratados matemáticos. Escribió poemas y ensayos de moral filosófica, analizó la obra de Homero, publicó tratados sobre "*decoración, vestuario y declamación*" en la comedia. Director de la biblioteca de Alejandría, vivió 82 años y llegó a ser gran amigo de Arquímedes (otro personaje insignificante).

No podía ser otro. Eratóstenes anunció que el eje de giro de la Tierra estaba inclinado sobre el plano de la eclíptica y, por si fuera poco, predijo el valor del ángulo: 24 grados. Y solo erró en algunos minutos de arco. ¡Increíble, pero cierto!

Actualmente conocemos que el valor correcto es de unos 23 grados 27 minutos (figura 27).

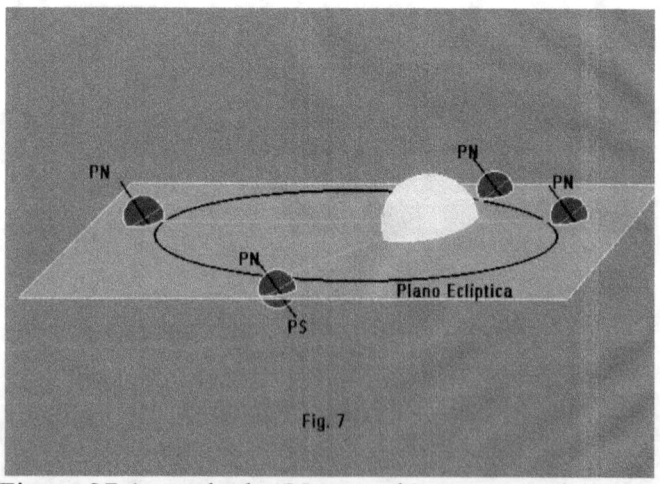

Figura 27 (tomada de "Navegación astronómica para la Navegación deportiva", del autor)

Esta es una figura que se reproduce en todos los tratados clásicos de astronomía y se dispone con el plano de la eclíptica horizontal, pero creo que te será de más utilidad la siguiente (figura 28), donde el eje de giro terrestre es vertical.

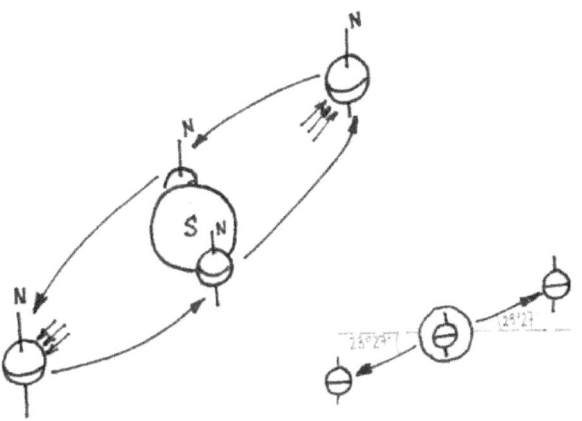

Figura 28

Ilustra muy bien que el plano de la eclíptica no es perpendicular al eje N/S del giro terrestre y que en una zona los rayos del sol iluminan de lleno el hemisferio norte mientras que en el lado opuesto del diámetro lo hacen en el hemisferio sur, y en las posturas intermedias de la Tierra lo hacen a nivel del ecuador, es decir, iluminan por igual ambos hemisferios.

El Sol irradia luz y calor, y el efecto es máximo cuando la dirección de ambas radiaciones incide de forma perpendicular en un objeto. A medida que disminuye el ángulo de incidencia, la luz es menos intensa y el calor disminuye sensiblemente.

Si nos fijamos en la figura, entendemos perfectamente que el año (la duración de la eclíptica) se dividirá en cuatro periodos de ángulo de incidencia solar. Cuando la Tierra se encuentre en el lado izquierdo de la figura será verano en el hemisferio norte e invierno en el sur; cuando se sitúe en el lado derecho ocurrirá al revés, el verano pasará al sur y el invierno al norte.

En las posiciones intermedias (superpuestas al Sol en la figura) los rayos solares, incidiendo perpendicularmente al ecuador, generarán la primavera o el otoño, dependiendo del hemisferio en que nos encontremos.

Vale decir que ambos hemisferios terrestres tendrán opuestas las estaciones. Si en uno hay invierno, en el otro será verano; si en uno disfrutamos de la primavera, en el otro estarán en pleno otoño. Y cada estación tendrá una duración de tres meses (un cuarto de año).

Ahora sí. Ahora podrás entender bien porqué la palabra *"eclíptica"* significa *"productora de eclipses"*. Si nos acordamos de la Luna y la colocamos en el lugar que le corresponde, entenderemos fácilmente que cuando, orbitando a nuestro alrededor, se disponga alineada con el Sol y la Tierra, deberá estar situada obligatoriamente en el plano de la eclíptica (figura 29).

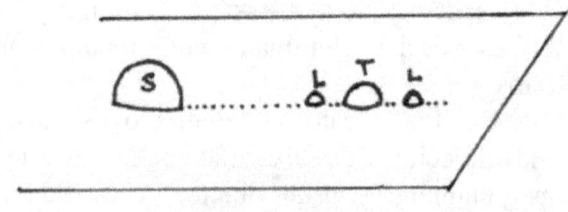

Figura 29

Y cuando eso ocurra, si la Luna se coloca entre el Sol y la Tierra, desde algún lugar de nuestro planeta se apreciará un eclipse de Sol; pero si se coloca más alejada del Sol que la Tierra, aparecerá a nuestros ojos un eclipse de Luna porque quedará oculta en la zona de nuestra sombra.

El título de este capítulo era: "*Y damos vueltas al Sol*". Ya tienes una idea bien clara de todo lo que está ocurriendo durante ese periodo de un año.

Simultáneamente, efectuamos algo más de 365 giros sobre nosotros mismos y la Luna se traslada a nuestro alrededor algo más de doce veces.

Todo se produce en torno del llamado "astro rey"; de nuestro Sol. ¿Qué tiene para ser nuestro centro de referencia? ¿Cuáles son sus características, su composición, su tamaño, su origen…?

Vamos a ello. Seguiremos sentados en nuestras sillas pero les daremos un poco de descanso. Hablaremos sólo del Sol.

Nuestro Sol

Para que te vayas haciendo una idea: Si el Sol fuera del tamaño de una naranja, la Tierra sería como un grano grueso de arena -de esos que quedan a docenas entre tus dedos un día de playa- que estaría dando vueltas a su alrededor a 72 metros de distancia. De la Luna… mejor no decir el tamaño.

Ya hace 2.500 años, Anaxágoras dijo que el sol debía ser de un tamaño aproximado al del Peloponeso (península del sur de la Grecia actual). Pero también vaticinó que era una masa de hierro candente; que la Luna era una roca que reflejaba su luz; que la Luna se originó al separarse de la Tierra…

Esas afirmaciones fueron la causa de que se le condenara por impío. Deprimido por tal decisión, se retiró de la vida pública. Dejó de dar clases en Atenas -entre otros alumnos le escuchaba un tal Sócrates y sus ideas fueron consideradas por Platón y Aristóteles-, se enclaustró en un pequeño pueblo y se dejó morir de hambre. Fue, posiblemente, la primera y más justificada huelga de hambre que conozco.

Hoy sabemos más cosas del Sol, pero el mérito de Anaxágoras sigue siendo insuperable.

En un admirable tratado de iniciación a la astronomía, James Muirden, nos recuerda que hablamos a menudo de la "madre Tierra" cuando, en realidad, el planeta en el que vivimos sería oscuro, helado e inhóspito, a no ser por la luz y el calor del Sol; de esa *"bola de hierro candente"*.

Más que *"madre Tierra"* deberíamos decir *"bendito padre Sol"*.

El Sol es, en realidad, una estrella cualquiera; y, además, no demasiado espectacular. Si clasificamos todas las estrellas conocidas en orden a su importancia, nuestro sol estaría un poco más atrás de la media. Por lo demás, es exactamente igual que cualquier otra de las que vemos a simple vista en el cielo nocturno; no obstante, como se encuentra extraordinariamente más cerca podemos apreciar, incluso a simple vista, detalles que jamás podríamos obtener en el resto de sus hermanas.

Lo entenderás mejor si sabes que incluso con los más potentes telescopios ópticos es imposible conseguir imágenes del disco circular de ninguna estrella. Están tan alejadas que sólo podemos apreciarlas como un "punto de luz".

La estrella más próxima al Sol es "*alfa*-centauro" y se encuentra a casi 4'5 años luz de distancia. Todos sabemos lo que quiere decir **año-luz**: medida de longitud que equivale a la "*distancia que recorre la luz en el tiempo de un año*".

Vamos a abrir un paréntesis para tratar este tema.

El Sol es energía total, energía atómica. Emite todo el espectro conocido de radiaciones electromagnéticas, y la luz es una de ellas. Por eso, antes de describir nuestros conocimientos del Sol, vamos a estudiar un poco su "*luz*".

Conocemos que la luz –al igual que el resto del espectro de radiaciones- se transmite a una velocidad de 300.000 km cada segundo y, si nos atenemos a los conocimientos científicos actuales, es una velocidad imposible de superar.

Dicho de otro modo: si encendemos una fuente de luz suficientemente potente para ser vista a mucha distancia (que se "*encienda*" de repente una estrella), los que se encuentren a 300.000 km de distancia, la verán brillar un segundo después de haberse encendido.

Si la luz recorre esa distancia en un segundo, en un año recorrerá 300.000 multiplicado por 60 segundos, por 60 minutos, por 24 horas y por 365 días, lo cual da la cifra de… ¡9'5 billones de km!

Cuando una luz se enciende, los que estén a 9'5 billones de km de distancia lo sabrán un año después. Esa medida, el *"año-luz"*, es la que se utiliza para definir las distancias en el espacio; sobre todo, las distancias interestelares.

Es cierto lo siguiente: A la luz le cuesta la séptima parte de un segundo dar una vuelta a la Tierra; si se apaga el Sol (la catástrofe sería inmediata) tardaremos 8'5 minutos en quedarnos a oscuras; sin embargo, en Plutón (confines del sistema planetario) se enterarán 5 horas más tarde.

¿Qué imaginación humana puede intuir la *"lejanía"* a la que se encuentra una estrella cuya luz tarda en llegar a nosotros varios *"miles de millones"* de años? Si en algún momento observamos un cambio en la cantidad o calidad de esa luz, la realidad es que eso ocurrió hace esos miles de millones de años.

De algún modo podemos decir que cuando miramos el negro cielo poblado de estrellas estamos observando hechos que ocurrieron mucho tiempo atrás. Algunas estrellas puede que hayan desaparecido; tendrán que pasar los mismos años que su distancia *"años-luz"* para que podamos averiguarlo.

Pues una de esas estrellas es nuestro Sol. Dicho ahora parece una afirmación de sobra conocida, pero debes saber que eminencias como nuestro conocido Kepler o su coetáneo Galileo, ignoraron este hecho. No llegaron nunca a asociar ambos conceptos. Para ellos el Sol era el centro de nuestro sistema planetario; las estrellas… otra cosa; tal vez puntitos de luz en el fondo de un escenario teatral.

El Sol es una enorme esfera gaseosa cuyo diámetro es cien veces mayor que el de la Tierra (figura 30).

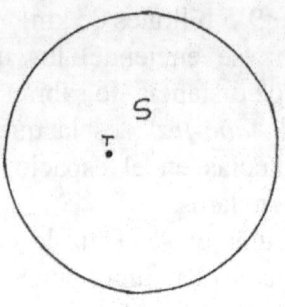

Figura 30

Y, aunque parece difícil de entender, a pesar de ser un cuerpo gaseoso su densidad es casi un 50% mayor que la del agua en estado líquido.

Si hablamos de su masa -harían falta 333.000 planetas como la Tierra para formar un Sol-, es tan portentosa que por sí sola supone el 99% de la masa combinada de todos los planetas que le rodean. En consecuencia, su fuerza de gravedad (se obtiene como ya sabemos a partir de la formulación de Newton) es 30 veces superior a la nuestra. Por ese motivo, afortunadamente, giramos en su entorno.

Su edad se calcula en unos seis mil millones de años y se piensa que se originó a partir de la paulatina y lenta condensación de una fastuosa nube de polvo y materia interestelar; condensación que, a su vez, precisó de otros muchos miles de millones de años.

Como cualquier otro astro, posee un movimiento de giro sobre sí mismo cuyo eje -que determina polos y ecuador- está inclinado casi siete grados en relación a nuestro bien conocido plano de la eclíptica (figura 31).

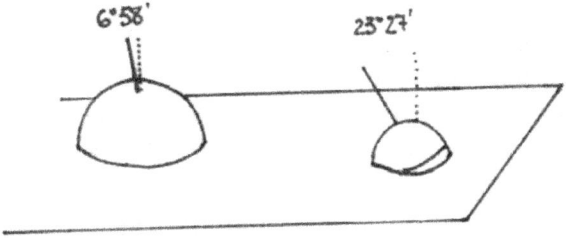

Figura 31

Completa su giro en unos 26 días, aunque, al ser un elemento gaseoso, su contorno gira a diferentes velocidades: mayor en la zona ecuatorial, menor en las proximidades polares. Es pura cuestión de inercia. Tanto es así que se cree que el núcleo central (mucho más denso) completa el giro en apenas dos días; el resto del Sol, de mucha menor densidad, gira con más retraso.

Además, como muchos otros astros, posee movimiento de traslación: una órbita.

De ella, de esa emocionante órbita, hablaremos más adelante; será motivo de un capítulo en exclusiva. Aunque, no lo puedo evitar, para despertar tu intriga te voy a adelantar un dato: el Sol tarda en recorrer su órbita 220 millones de años... Pero todo llegará; por el momento seguiremos estudiando las peculiares características de nuestra estrella.

El hidrógeno constituye casi las tres cuartas partes de su masa y el helio, la otra cuarta parte. El resto, aproximadamente un 2%, lo integran los átomos denominados "*metales*" (oxígeno, carbono, hierro...). Aunque parezca raro, esta proporción entre hidrógeno y helio se mantiene similar para el conjunto de todo el universo. Esta afirmación causa sorpresa, pero es lógica si se piensa que lo que verdaderamente forma el cosmos son las estrellas, y son millones de billones las que existen; y todas son similares.

En su estructura se diferencian varias capas; las que más nos interesan son el **núcleo** central, la capa superficial (**fotosfera**), la capa de irradiación al espacio inmediato (**cromosfera**) y la capa más externa, extensa y sutil (la **corona** y la **heliosfera**).

En el núcleo existen condiciones excepcionales de presión, densidad y temperatura. ¡Un cuarto de billón de atmósferas terrestres de presión produce una concentración de materia a una densidad ciento cincuenta veces mayor que la del agua, y todo ello a una temperatura de unos 23 millones de grados centígrados! Con esa densidad, una botella de agua mineral de litro y medio pesaría un cuarto de tonelada en la Tierra.

Gracias a ello los átomos de hidrógeno se encuentran (que me perdonen los amantes de la química) "*enloquecidos*". A este estado se denomina "*hidrógeno plasma*". Los núcleos y los electrones pierden sus enlaces y son tan buenos conductores que facilitan el proceso de la fusión nuclear. El hidrógeno se convierte en helio (el gas noble e inerte de los aparatos de refrigeración: ¡menuda paradoja!) y se liberan cantidades portentosas de energía. Se calcula que cada segundo se produce la misma energía que la que liberaría la explosión de mil de las mayores bombas atómicas conocidas.

Sin embargo, lejos de lo que puedas pensar, esta energía no explota hacia la superficie del Sol tal y como ocurriría en el caso conocido de una bomba. Al contrario: se produce una traslación muy lenta hacia las capas más superficiales.

Te sorprenderá saber que la energía que resulta de este ingente horno se desplaza hacia la superficie del astro lenta y ordenadamente. Tarda 170.000 años (si, si: ciento setenta mil) en llegar al exterior. Se desplaza a una velocidad de una décima de milímetro cada hora. Vale decir que en un día ha recorrido algo más de... dos milímetros. Así es que hasta recorrer los casi 700.000 km del radio solar... Pues eso: 170.000 años. ¿Impensable, increíble, emocionante?

Pero hay algo más. Sabemos que la energía siempre tiene un coste en materia. ¿Recuerdas?: *"La materia-energía no se crea ni se destruye, solamente se transforma"*.

Un motor de explosión mueve un vehículo pero hace desaparecer combustible; una máquina de vapor volatiliza leña o carbón; una bombilla se enciende porque una central nuclear consume mineral radioactivo o porque un horno, que quema combustible, produce vapor y mueve un generador; ejercitas tus músculos moviendo pesas, corres, produces calor, pero consumes materia procedente de tus alimentos... siempre es así.

En el caso del Sol ocurre lo mismo: aunque en poca cantidad, consume su propia masa paulatinamente porque transforma el hidrógeno en helio y este es ligeramente menos pesado que el primero (apenas un 1%). Traducido en cifras puedo decirte que el Sol, mientras se dedica a producir energía, pierde casi cinco millones de toneladas de masa cada segundo.

¡Tranquilo! No tienes por qué preocuparte, tenemos reservas de hidrógeno para muchos miles de millones de años.

Esa actividad atómica se produce sólo en el interior del Sol; más allá de un cuarto del radio, y la actividad ha cesado por completo. Por eso, si nos trasladamos a la superficie, a la fotosfera, la temperatura es tan solo de 6.000 grados. A pesar de ello, el calor que llega a la Tierra -ciento cincuenta millones de kilómetros más allá- es el equivalente a una estufa de 1.500 vatios en cada metro cuadrado de superficie.

Te está gustando todo esto ¿eh? Aguarda, aguarda... sólo hemos comenzado.

En la superficie se muestran las consecuencias del enorme laboratorio de fusión que existe en las profundidades del astro. Aparece una textura de aspecto granujiento, zonas de pequeñas elevaciones de unos 1.000 km de diámetro uniformemente repartidas que tienen duración extremadamente corta: apenas tres o cuatro minutos. Podríamos decir que parece que el Sol está hirviendo, pero el ejemplo no es válido, aquí no hay formación ni desprendimiento de vapor; son, más bien, elevaciones producidas por el movimiento conectivo calórico que generan abombamientos regulares y agrupados. Son los llamados "*gránulos*" (figura 32).

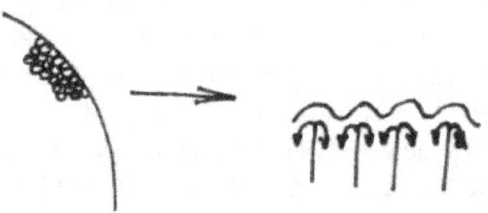

Figura 32

Entre ellos, de forma irregular tanto en la localización como en la frecuencia, aparecen a menudo pequeños puntos negros (**poros**) que van aumentando de tamaño hasta convertirse en una especie de manchas de formas variadas que crecen hasta un máximo, para luego ir empequeñeciendo y desaparecer por completo. Son las "*manchas*" de la superficie solar (figura 33).

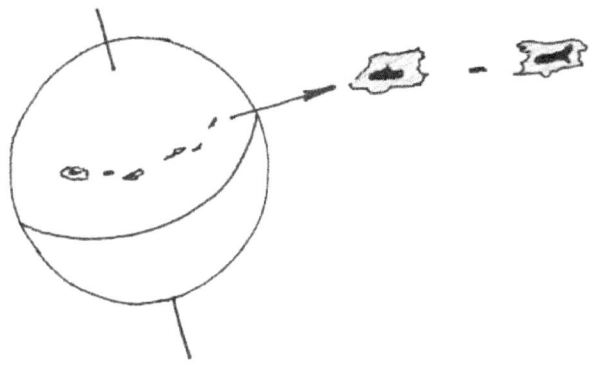

Figura 33

Pueden observarse a simple vista, siempre que protejamos nuestra retina con cristales opacos, o incluso pueden distinguirse de forma directa si las nubes ocultan el sol filtrando su luz pero no su contorno.

Pero, mucho ojo (nunca mejor dicho): nunca debes, bajo ningún concepto, dirigir la vista al Sol sin la debida protección; no digamos si lo observas a través de un sistema de aumento (telescopio o simples prismáticos): la quemadura que se produciría en la retina sería instantánea y permanente; la ceguera, irreparable.

En la antigua China se decía que periódicamente aparecían "*pájaros volando delante del Sol*". Era una forma de expresar la existencia de esas manchas a que nos hemos referido.

En realidad, no se trata de manchas como tales sino de zonas de menor temperatura que su entorno (unos

2.000 grados menos) que las hace parecer más oscuras. Poseen dos zonas que pueden observarse bien con telescopios de poca potencia: un núcleo central más oscuro (menos caliente) que se denomina "*sombra*" y una areola a su alrededor, irregular y más grisácea, que se llama "*penumbra*".

Rara vez se presentan aisladas, constituyen grupos y se disponen alineadas, paralelas al ecuador solar y a ambos lados del mismo.

Desde que se inician hasta que desaparecen pueden pasar varios días, incluso varias semanas, pero siempre se produce una secuencia de imágenes: primero aparece una zona poco definida y más brillante que el resto de la fotosfera que la rodea, es la "*fácula*"; pronto se produce un punto negro central ("*poro*") que va agrandándose hasta convertirse en la mancha propiamente dicha. Cuando la mancha es importante suele estar asociada a otra vecina. Se ha observado que poseen fuerte intensidad magnética, independiente del magnetismo general de la esfera solar, y cuando se asocian dos manchas, cada una de ellas tiene polaridades distintas.

Respecto a su tamaño, alcanzan con facilidad los 12.000 km de diámetro (casi como el de la Tierra).

No se ha conseguido averiguar con seguridad su significado ni su origen, pero sí sabemos que su presencia produce cambios en la capa solar que envuelve a la fotosfera: la cromosfera.

La **cromosfera** se sitúa por fuera de la fotosfera. Es lo que muy impropiamente podríamos denominar "*atmósfera*" del Sol, aunque comparada con la terrestre su densidad es extraordinariamente menor (unas diez mil veces más tenue). Se extiende hasta unos 15.000 km de altura y su temperatura va aumentando desde su base (6.000 grados, la misma que la de la fotosfera) hasta su límite exterior donde puede alcanzar los treinta mil. Nadie ha sabido explicar la causa de esta "*inversión*" de temperatura; lo lógico sería que ocurriera lo contrario: al alejarse del astro debería ir disminuyendo, pero no es así.

En esta cromosfera se producen fugas de gases y radiación electromagnética que irrumpen desde la fotosfera en forma de **protuberancias** y **fulguraciones** (figura 34) que sólo son visibles en los momentos en que el Sol está oculto por la Luna (eclipse).

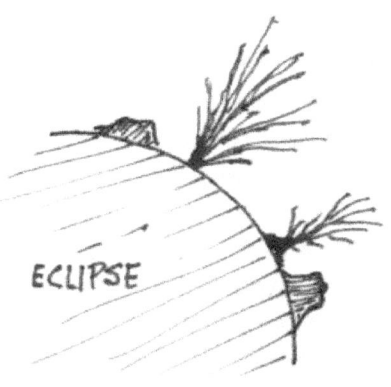

Figura 34

Las protuberancias, más densas, a modo de abultamientos de la propia capa superficial del Sol, se combinan con fulguraciones o espículas (como brazos de algas marinas) que se desprenden también de la fotosfera y ascienden hasta alturas enormes (a veces de diez o quince mil kilómetros) y su aparición suele coincidir en las zonas de intensa actividad de las manchas solares. Ambas están formadas por emanaciones de gases ionizados que emiten todo el espectro de ondas electromagnéticas y sufren cambios de forma con extraordinaria rapidez.

71

Por fuera de los quince mil kilómetros de altura sobre la fotosfera, rebasamos la cronosfera y nos situamos en la gran **corona solar** (más concretamente, debería denominarse: **heliosfera**). Puede alcanzar millones y millones de kilómetros hacia el espacio planetario. Muchos astrónomos defienden que, en realidad, puede extenderse hasta los planetas más alejados; es el llamado *"viento solar"*. Está compuesta por hidrógeno y helio altísimamente ionizados. Eso quiere decir que sus partículas atómicas (electrones, protones y neutrones) están totalmente desligados (es el *"plasma"* que ya te comenté al hablar del núcleo). Su densidad es muy débil: un millón de veces menos densa que la atmósfera de nuestra Tierra.

Para que te hagas una idea, en cada centímetro cúbico de heliosfera sólo existirían cinco protones. El protón (del griego, *"primero"*) es una de las partículas presentes en todos los núcleos. Precisamente su número identifica el elemento específico al que pertenece ese átomo. Por ejemplo, el cloro tiene 17 protones y todo núcleo que tenga 17 protones sólo podrá ser un núcleo de cloro. ¡Magnífico!

Sin embargo, debido a su actividad y a su temperatura son partículas muy veloces. A este nivel, recién salidos de la cromosfera, la temperatura asciende al millón de grados (sin que, ya te lo comenté, conozcamos el motivo). Ello les permite burlar la atracción del Sol y lanzarse al espacio cósmico interplanetario (que, dicho sea de paso, pronto vamos a descubrir). Cuando se acercan a la Tierra su velocidad media de propagación es de unos 500 km por segundo.

Son las responsables de las auroras boreales; a menudo producen problemas en las telecomunicaciones porque alteran los campos magnéticos atmosféricos terrestres; incluso afectan la meteorología general de nuestro planeta.

¿Recuerdas el regolito de la Luna? ¿Aquel polvo que cubre toda su superficie? Las misiones espaciales que han traído muestras de ese polvo han demostrado que, como quiera que no exista atmósfera que interfiera su depósito, es rico en partículas aportadas por el viento solar.

Creo que, por el momento ya te he contado detalles del Sol que, a menudo, pocas personas conocen y que nos han hecho disfrutar a lo grande (nunca mejor dicho). Pronto hablaremos más de él y de sus andanzas entre sus hermanas, las demás estrellas. Por ahora es suficiente.

Pasemos al siguiente capítulo y estudiemos al resto de planetas que, al igual que la Tierra, orbitan alrededor de nuestro "bendito padre Sol".

Otros que también dan vueltas al Sol: Los Planetas

Ya sabemos que el Sol es el centro de un sistema de planetas que giran a su alrededor. Hemos estudiado bien el movimiento de uno de ellos: la Tierra. Ya es hora de que dediquemos nuestra atención al resto del "sistema solar".

Podríamos definirlo como el conjunto de cuerpos celestes que influenciados por el campo de atracción gravitatoria del Sol orbitan a su alrededor; desde los más grandes (planetas) hasta los casi microscópicos (polvo interplanetario), así como multitud de cuerpos de tamaño intermedio (asteroides, meteoritos, cometas…).

Es un conjunto integrado en el que cada elemento influye sobre el comportamiento de todos ellos y donde, además, todo son particularidades. Ningún planeta es semejante a otro; sin embargo, y por supuesto, todos están sujetos a esos tres enunciados que tan bien conocemos: las famosas leyes de la dinámica del universo, las leyes de Kepler.

Según ellas, el sistema solar podría definirse también como la zona del espacio en la que la fuerza de gravedad solar es predominante.

Esa zona abarca una circunferencia de unos 4 años-luz de diámetro (si lo prefieres, unos 38 billones de kilómetros).

Entre tú y yo -entre nosotros los terrícolas- utilizamos medidas de longitud que son *prácticas* porque sirven para conocer dimensiones y distancias entre las que nos movemos habitualmente: el milímetro, el centímetro, el metro, el kilómetro y poco más. Cuando saltamos al espacio interestelar los kilómetros son insuficientes, sería necesario llenar una página de ceros o expresarnos en diez elevado a muchas potencias para poder entendernos, y eso no sería práctico. Por ello aparece el concepto de año-luz que ya describimos en su momento; una unidad más acorde a la realidad de esas tremendas e impensables distancias.

Pero a nivel del sistema solar nuestras unidades terrestres son demasiado pequeñas y las estelares demasiado grandes, hay que buscar algo intermedio. Por ello los astrónomos han creado una nueva medida de longitud que se armoniza muy bien con las dimensiones interplanetarias: la **Unidad Astronómica** (*"au"*, en inglés). Por conveniencia, se da decidido que una "au" es la distancia entre el Sol y la Tierra (150 millones de km, aproximadamente). Ya estamos, pues, en condiciones de entendernos cuando te diga que la distancia de la Tierra al Sol es de 1 au, o que, por ejemplo, Júpiter está del Sol a 5'2 au. Nos hemos ahorrado muchos ceros.

A pesar de todo, tú y yo sabemos muy bien que, paradójicamente, la imaginación se nutre de ejemplos *"visibles"*; por eso, si estamos hablando del sistema solar, te gustará saber que si la Tierra tuviera un milímetro de diámetro, el Sol (ya lo comentamos anteriormente) tendría 10 centímetros y el sistema solar unos 100 metros de diámetro (bastante más que un campo de futbol)... y Mercurio -que pronto estudiaremos- apenas sería como este punto que ves al final de la frase.

Vamos ahora a adentrarnos en nuestro sistema planetario; en esos cien metros de diámetro, donde, repito, el sol es como una naranja pequeña.

La palabra *"planeta"*, de origen griego, significa: *"vagabundo"*; pero, ¿por qué vagabundo?

Si durante varias noches seguidas nos dedicamos a estudiar detenidamente el cielo y hacemos croquis de las estrellas (no digamos si hacemos fotografías nocturnas y las podemos comparar), pronto nos daremos cuenta de que el paisaje es uniforme. Solo cambia el horario: los grupos de estrellas siempre ofrecen el mismo croquis entre ellas, el único cambio es que amanecen por levante y se ocultan por poniente dentro de un ritmo horario progresivo durante el conjunto del año. Sin embargo, independientemente de la hora y de su ubicación en el cielo, siempre ocupan entre ellas las mismas posiciones relativas.

Pues bien, si somos pacientes y cada día revisamos nuestros dibujos o fotografías de la noche anterior, no tardaremos en darnos cuenta de que en algunas, un punto de luz que veinticuatro horas antes estaba entre dos estrellas conocidas, a la noche siguiente ha cambiado de posición; ha adelantado a alguna, disfruta de nuevas vecinas… En resumen: es una estrella vagabunda; no sigue el movimiento acompasado y uniforme del resto; es independiente: *"va por libre"*.

Pues esos puntos de luz que fingen ser una más entre el resto de estrellas y se confunden con ellas son los planetas de nuestro sistema. Carecen de luz propia, son oscuros, pero aparecen brillantes en el negro cielo porque reflejan hacia nosotros la luz que les envía el sol. Las estrellas (pronto las estudiaremos) son otros soles. Todas emiten luz propia peculiar; tanto es así que pueden diferenciarse entre ellas por dicha característica; los planetas, así como el resto de astros del sistema solar, sólo "reflejan" luz.

Si observas con cuidado y la noche es seca y está en calma, podrás apreciar con suma facilidad que las estrellas "*titilan*"; es decir, emiten ciertos destellos irregulares; parecen temblar. Por el contario, si localizas algún planeta, apreciarás que su luz es fija, uniforme, sin altibajos. Es una forma interesante de averiguar, caso de dudas, si lo que estamos observando es estrella o planeta.

Esos mismos planetas ya llamaron la atención de los antiguos. Y fueron los griegos los que los identificaron con los mismísimos dioses. Dioses que se desplazaban por el cielo de la noche. Por ello fueron individualizados y bautizados con nombres de divinidades del Olimpo: Mercurio, Venus... A su debido tiempo los iremos describiendo; no quiero cansarte ahora con listas, sin necesidad.

Todos ellos (salvo Venus) se mueven alrededor del Sol "*en sentido directo*"; es decir, si observamos el sistema planetario desde el polo norte celeste (recuerda que ya comentamos que es la prolongación del polo norte terrestre), todos se trasladan en sentido contrario a las agujas del reloj.

Tienes que saber, de paso, que el movimiento en sentido directo es muy frecuente en el conjunto del universo: en ese sentido giran sobre sí mismo el Sol, la mayoría de los astros y casi todos los satélites de los rodean.

Cuando algún astro gira en la dirección opuesta (como las agujas del reloj) se dice que su movimiento es "*retrógrado*" y suele ser una excepción de la norma general.

Por supuesto, todo el conjunto de planetas cumple sin excepción las leyes de Kepler que ya descubrimos con anterioridad; pero eso no quiere decir que sus comportamientos vayan a perpetuarse en el tiempo. Es suficiente un cambio en algún elemento aislado:

una colisión importante con un meteorito, un cambio imperceptiblemente lento de un periodo de traslación producido por un campo gravitatorio externo, cualquier causa, en suma, que suponga un desequilibrio inicial, para que el efecto resultante sea un final drástico, un caos (recuerda que caos significa desorden) que involucre a la totalidad del sistema.

La cuestión es que esos cambios, por pequeños que sean, pueden precisar de un calendario de tiempo que sale de los límites de nuestra capacidad de comprensión. Todo nuestro conocimiento del universo -desde que el primer homo sapiens levantó su vista al cielo- puede incluirse en un "instante" infinitésimo de ese gigantesco calendario de cambios perpetuos. Son periodos inabarcables para nuestra razón. Por eso, a efectos de nuestra necesidad de conocer, para ti y para mí será más que suficiente averiguar lo que está ocurriendo ahora, teniendo, además, la seguridad de que seguirá ocurriendo lo mismo durante mucho, mucho, "*tiempo humano*".

Un ejemplo de que todo astro está sometido a continuos cambios es el fenómeno de la "*rotación síncrona*" que ya tratamos en el capítulo a propósito de la Luna. También recibe el nombre, mucho más expresivo, de "*rotación capturada*". En otras palabras: un astro que se traslada alrededor de otro (por ejemplo, un satélite), si su masa es importante y la distancia que los separa no es grande, irá acompasando su movimiento de giro propio (rotación) al de traslación alrededor del astro central. ¿Y eso por qué? Debe haber alguna explicación.

Por supuesto. ¿Qué nos dice Newton que ocurrirá en estas circunstancias?: Que la atracción gravitatoria entre ellos será intensa. Pero, además, si el satélite no es uniforme en su forma (la esfera perfecta en un astro es impensable) ni su densidad es perfectamente homogénea (como es lógico que así sea), cada vez que complete un movimiento de traslación, las diferencias de fuerza gravitatoria ocasionadas por su densidad irregular, de forma apenas apreciable, infinitésimamente pequeña, irán modificando su velocidad de rotación. Conclusión: al final, se producirá el equilibrio y ambos periodos igualarán su duración. Sólo será necesario tiempo; y en el universo, lo estamos comprobando cada vez más, el tiempo nunca es un problema; es parte integrante del mismo. No existe universo sin tiempo, ni tiempo sin universo.

Nos estamos volviendo unos grandes pensadores ¿eh? Pero, volvamos a nuestro tema y sigamos hablando de nuestros compañeros de traslación. Los humanos necesitamos clasificar todo lo que nos rodea, y los planetas no han sido una excepción. Lo primero que hemos averiguado es que, atendiendo a sus características físicas (composición), podemos dividirlos en dos grupos: **planetas** *"rocosos"* (terrestres) y **planetas** *"gaseosos"* (jovianos). El nombre lo dice todo: hay una serie de planetas, concretamente: Mercurio, Venus, Tierra y Marte, cuya composición está integrada por elementos refractarios, relativamente duros y de densidades crecientes a medida que progresamos hacia su interior. En el otro grupo: Júpiter (de ahí el apelativo *"jovianos"*), Saturno, Urano, y Neptuno, su densidad es mucho menor (casi la cuarta parte) y su tamaño mucho mayor porque están constituidos por materia gaseosa (hidrógeno y helio); sólo en las proximidades de su centro se acumulan materiales pesados, al igual que ocurre en los planetas rocosos.

Se da la circunstancia, además, de que los rocosos son los más próximos al Sol mientras que los gaseosos se encuentran más alejados. Y eso ha permitido otra clasificación: **planetas *"interiores"*** (que coincide con los primeros) y ***"exteriores"*** que agrupa los más alejados. Por tanto, vale decir que los términos rocosos-interiores, y gaseosos-exteriores son equivalentes.

Pero existen también otras diferencias entre ambos grupos que -estoy seguro estarás de acuerdo conmigo- son mucho más interesantes. Los planetas exteriores (gaseosos) están rodeados de multitud de satélites; algunos de gran tamaño, algunos como pequeñas rocas y granos de polvo, en ocasiones fragmentos de hielo; tanto es así que Júpiter y Saturno con comparables a un sistema solar en miniatura.

Por otra parte, existen también diferencias entre ambos grupos en lo que afecta a sus atmósferas respectivas. Cualquier planeta podrá poseer una atmósfera propia siempre y cuando su fuerza de gravedad sea suficientemente intensa para retener las moléculas de gas y que no escapen al espacio. Te gustará saber que aplicando las fórmulas que ya hemos estudiado, si conocemos la masa y el radio de cualquier planeta podemos calcular la velocidad necesaria para que eso ocurra. Es lo que comúnmente se llama ***"velocidad de escape"*** (en nuestra Tierra es necesario ponerse a una velocidad de 11'2 kilómetros por segundo para poder escapar al espacio).

Así se explica que Mercurio (el más próximo al Sol y con muy poca masa), donde la gran temperatura de su superficie confiere velocidades elevadas a las moléculas gaseosas, permite a estas superar la escasa retención gravitatoria y perderse, libres, en el espacio exterior. Consecuencia: los gases que constituyen la atmósfera son imperceptibles; podemos afirmar que no hay atmósfera en ese planeta.

La Tierra está un poco más alejada y es mucho mayor, por lo cual es capaz de retener la atmósfera que nos rodea. Y Júpiter, enorme en comparación, es casi todo gas. No ha perdido moléculas gaseosas porque su gravedad es muy grande y, alejado del Sol, es muy frio. Las velocidades de sus átomos gaseosos son lentas y no pueden escapar.

De todo lo que estamos comentando y casi sin esfuerzo alguno ya estamos intuyendo qué planetas están más próximos o alejados del Sol y qué planetas son mayores o menores que otros.

Sabes que no me gusta dar datos ni listas, pero creo que ha llegado el momento apropiado.

¿Cuántos somos y en qué orden de proximidad al Sol estamos situados? Vamos a ello: éramos nueve planetas hace algún tiempo, y en orden de distancia creciente al Sol: Mercurio, Venus, Tierra, Marte, Júpiter, Saturno, Urano, Neptuno y Plutón. Y te extrañará que diga "*éramos nueve*" pero es que recientemente se ha considerado conveniente retirar el nombre de planeta a Plutón porque se estima que no reúne los requisitos necesarios para ello (a su debido tiempo le dedicaremos la atención y el cariño que se merece por haber sido "*degradado*").

¿Y en lo referente al tamaño, cuáles son las diferencias? Son muy llamativas: el mayor es Júpiter (143.000 kilómetros de diámetro); el menor, Mercurio (5.000 kilómetros). Saturno es casi tan grande como Júpiter; Urano y Neptuno son algo menores que la mitad de Saturno; la Tierra y Venus van casi en la cola con 12.000 kilómetros de diámetro, y Marte es casi la mitad que ambos (7.000).

Si dibujamos Júpiter con un diámetro de 15 centímetros, la Tierra tendrá 1'5 y Mercurio 4 milímetros (figura 35).

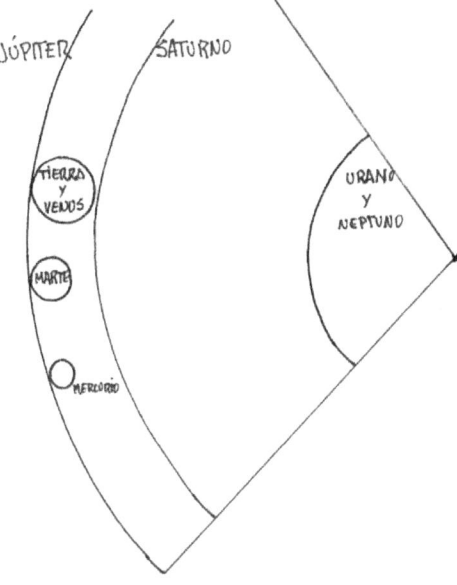

Figura 35

Comparado con ellos, el Sol es enorme. Ya vimos que su diámetro es de 1.400.000 kilómetros (diez veces mayor que el de Júpiter).

Si en este croquis a escala quisiéramos incluir al Sol, nos haría falta una página de… ¡metro y medio de anchura!

Por eso se confirma lo que ya sabíamos: la suma de la masa de todos los planetas del sistema apenas alcanza el 1% de la masa del Sol. Por eso, también, todos le rendimos pleitesía y, sumisos y esclavos de su potente atracción, nos trasladamos a su alrededor describiendo las órbitas elípticas que tan bien conocemos. Cada planeta incluye su elipse en un plano (como recordarás, el de la Tierra es la famosa "eclíptica"), pues fíjate bien, existe una importante regularidad en el sentido de que todas las elipses de los demás planetas están dispuestas en un plano común bastante similar; sólo hay diferencias de algunos grados entre ellas. Tan sólo Plutón se diferencia algo más del resto de órbitas pero aún así su inclinación es apenas 17° diferente (figura 36).

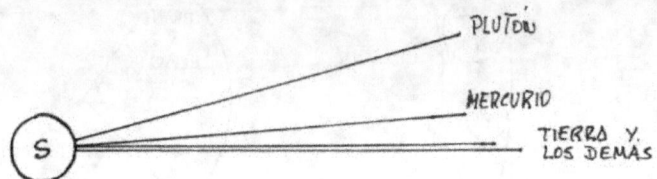

Figura 36

No será necesario que te recuerde, siguiendo las enseñanzas de Kepler, que el Sol siempre estará en uno de los centros de esas elipses (primera ley), que cuando el planeta se acerque a ese centro aumentará su velocidad (segunda ley) y que, finalmente, cuanto mayor sea la elipse mucho mayor será el tiempo que se tarde en recorrerla (tercera ley).

Hasta aquí, las generalidades de nuestro sistema solar; hora es ya de que nos detengamos en cada uno de los planetas que, como cuerpos mayores, lo integran. Pero lo haremos de forma sucinta, sin perdernos en cifras ni listados comparativos; tan sólo nos detendremos en lo que podamos considerar especial en cada unos de ellos. Comenzaremos por el más próximo al Sol y nos iremos alejando progresivamente.

Mercurio

Ya lo sabes de sobra: es el más cercano al Sol (0'38 au; o lo mismo que decir: 0'38 de la distancia entre

Tierra y Sol). Precisamente por esa cercanía, y al estar nosotros más alejados, tan sólo es medianamente apreciable con medios ópticos como punto luminoso un poco antes del amanecer o un poco después del ocaso; y siempre con la dificultad que produce la turbulencia de la atmósfera terrestre cercana al horizonte.

A propósito de lo que te acabo de decir: "*...se encuentra muy próximo al Sol...*", podría haber escrito, con el mismo propósito: "*...su mayor alejamiento del Sol es de tan solo 23 grados...*".

Es este un concepto de "***medida angular***" que se utiliza muy frecuentemente en astronomía para expresar las dimensiones de un astro (o las distancias entre ellos) y que tiene la peculiaridad de que nuestra posición es la que marca el vértice del ángulo cuyos lados son las visuales a los puntos referidos. Es fácil de entender que esa misma dimensión, si se encuentra más alejada de nosotros tendrá "*menor*" medida angular; y será "*mayor*" si se aproxima (un balón de futbol parece más pequeño cuanto más lejos se encuentra). Como ejemplo, podemos decir que (siempre desde la posición de un observador en la Tierra) el diámetro del Sol y de la Luna tiene un valor angular de medio grado (32 minutos de arco) aproximadamente.

¡Ojo!: no te confundas. Al hablar de minutos de arco no hacemos ninguna referencia al tiempo. No son minutos de tiempo, sino de amplitud de arco angular. ¿Recuerdas en geometría?: La circunferencia tiene 360°, cada grado consta de 60 minutos "*de arco*" y cada minuto consta de 60 segundos "*de arco*".

¿Necesitaremos un aparato especial para tomar esas medidas? Pues, si quieres ser muy exacto en la medición (afinando hasta encontrar minutos ' y segundos de arco) será imprescindible, pero para lo que tú y yo estamos comentando no es necesaria tanta exactitud. Nos entenderemos simplemente (y nunca mejor dicho) "*a ojo*". Y hay un truco para averiguar esas medidas angulares con nuestros propios medios. Si extiendes el brazo ante tu vista y lo orientas hacia la zona que quieras medir, te gustará saber que lo que oculta tu dedo meñique es un arco de 1°; el dedo pulgar ocupa unos 2°; la anchura del puño cerrado equivale a unos 10° y, finalmente, la mano bien abierta (lo que llamamos un palmo) indica unos 25°. Son todo medidas muy aproximativas, pero sirven para orientarnos, localizar un astro, expresar distancias relativas... Es un buen truco. Imagina que te digo que observes una estrella que está un poco a la derecha de aquella otra conocida... Si, en vez de ello, te digo: "*Observa esa estrella que se encuentra a unos 25° a la derecha de esa otra...*". Rápidamente, el brazo bien extendido, la mano abierta, el pulgar en la estrella conocida y... la punta del dedo meñique te estará mostrando la estrella buscada.

Pero, volvamos a Mercurio. Afortunadamente, la nave "*Mariner 10*" nos ha proporcionado fotografías que lo muestran como muy similar a nuestro satélite (idéntico aspecto de cráteres y mares). Además, ya lo dijimos anteriormente, no posee atmósfera (figura 37).

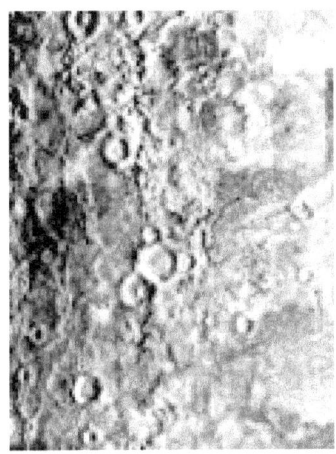

Figura 37

Emplea casi 59 días en rotar sobre su eje, y casi 88 días en completar su traslación alrededor del Sol (por supuesto, cuando hablamos de días o años nos estamos refiriendo siempre a periodos de tiempo *"terrestres"*). A nosotros nos cuesta 365; se confirman por tanto los enunciados de Kepler: cuanto más cerca del sol, menos tiempo en completar un giro. Por eso se le bautizó con el nombre de Mercurio: *"el rápido y alado mensajero de los dioses del Olimpo"*.

Su insolación en la superficie es diez veces mayor que la nuestra; debido a ello, la temperatura oscila entre un máximo de 700°C y un mínimo (en su noche) de 100°C bajo cero. Pero, además, como se da la circunstancia de que su eje de giro es perpendicular al plano de su elipse de traslación (recordarás que el de la Tierra era de 23°27'), en el fondo de algunos cráteres nunca, repito," nunca" penetra la luz del Sol, y en esas zonas la temperatura puede rondar los 210° por debajo de cero.

Ya te he comentado que la observación de Mercurio es decepcionante y difícil, sin embargo cuando su plano de traslación se superpone con nuestra eclíptica (eso ocurre cada cinco o seis años, aproximadamente) es posible observarlo como un pequeño círculo negro (similar a una mancha solar, pero perfectamente circular) cruzando por delante del disco solar. Es lo que se conoce como un *"tránsito"* del planeta. También podríamos decir, a propósito de lo que ya sabemos sobre los eclipses, que estaríamos observando un eclipse parcial de Sol, producido por Mercurio

Un observador situado en Mercurio -al igual de ocurre en la Luna o en cualquier astro desprovisto de atmósfera- apreciará un cielo siempre negro sobre el que irán discurriendo las constelaciones estelares de forma muy lenta; un enorme disco luminoso, el Sol, estará presente durante su largo día; y dos planetas, uno muy brillante y otro acompañado de un precioso satélite, se moverán, silenciosos, mostrando sus fases de reflejo de luz solar: Venus y la Tierra, con su fiel Luna.

El resto de planetas (Marte y sucesivos) estarán confundidos entre el fondo de estrellas; meros puntos de luz reflejada.

Venus

De dimensiones muy parecidas a la Tierra (su radio es sólo un 5% menor) y envuelto en una atmósfera impenetrable, en los albores del siglo XIX se pensaba que sus características eran similares a las nuestras, hasta el punto de considerar como muy posible que, merced a esas condiciones, la vida pudiera haber desarrollado formas semejantes.

Sin embargo, en la actualidad, gracias a las sondas no tripuladas y equipadas con sistemas radar (Venera, Magellan, Pioner) que han conseguido penetrar en esa atmósfera y llegar hasta la proximidad de su superficie, sabemos con certeza que sus condiciones son totalmente incompatibles con la vida; al menos en el sentido que nosotros la definimos.

Venus, al igual que ocurre con Mercurio, al encontrase más próximo al Sol que nosotros (dista del mismo 0'7 au), siempre se encuentra en las cercanías de este. Tanto es así, que sólo es visible en los momentos previos al amanecer, en que se muestra como "la estrella más brillante" por el lado del Este o (durante algunas semanas al año) en el cielo del inicio de la noche, por el Oeste.

Ese brillante *lucero del alba* que sorprende a los enamorados en la madrugada, es el que mereció el nombre de la diosa del amor entre los romanos: Venus (hija de Júpiter, al que pronto encontraremos un poco más alejado del Sol).

Su órbita de traslación es casi una circunferencia. El radio medio de la misma es de 108 millones de kilómetros y la diferencia entre los puntos más lejano (afelio) y más cercano (perihelio) al Sol, es tan sólo de un millón de kilómetros.

Emplea 224 días terrestres en completar esa traslación y tarda, nada menos, 243 días en completar un giro sobre sí mismo. Un habitante de Venus tendría que vivir 120 días con el Sol a la vista y otros 120 con la noche sobre su cabeza.

Como puedes apreciar, se da la paradoja de que emplea más tiempo en una rotación sobre sí mismo que en completar la traslación alrededor del Sol. Pero, si de paradojas hablamos, es curioso conocer que el sentido de esa traslación es retrógrado, es decir, al contrario de lo que es habitual en los planetas de nuestro sistema solar. Todos, cada uno en su órbita, avanzan en la misma dirección, pero Venus lo hace al contrario; todos se lo encuentran "*de cara*".

Como está más próximo al Sol que nosotros (al igual que Mercurio) produce tránsitos a su paso por delante de aquel, pero Venus, a causa de su geometría orbitaria, alterna este paso entre ciclos de unos ocho años y de hasta ciento y pico años. Lo entenderás mejor con estos datos ciertos: el próximo tránsito se producirá el 10 de diciembre de 2117, el siguiente, el 18 de diciembre de 2125, luego, el 11 de junio de... 2247.

Está envuelto en una atmósfera densa y de gran altura; por esa razón, la observación telescópica no ha podido hacer grandes descubrimientos más allá de apreciar las bellas "*fases*" de iluminación (similares a las de la Luna o Mercurio) dependiendo de su posición relativa entre el Sol y la Tierra.

Si la densidad de nuestra atmósfera es de "*una atmósfera*", la de Venus es de ¡90 atmósferas! (presión equivalente a la que existe a 900 metros de profundidad en el mar).

Esa densidad le permite reflejar más del 70% de la luz que recibe; de ahí su extraordinaria luminosidad. Tanto es así que si se conocen sus coordenadas celestes y se observa con detenimiento, es posible visualizarlo a simple vista a plena luz el día como un punto blanco en el cielo azul, no demasiado lejos del Sol. No en vano, es el tercer astro más brillante en el cielo terrestre después del Sol y la Luna, hasta el punto de que cuando finaliza la noche, antes de la aurora, puede rielar en la superficie del mar en calma (reflejarse con luz trémula, como lo hace la Luna).

Una espesa capa de nubes amarillentas, formadas esencialmente por dióxido de carbono y una solución de micro gotitas de ácido sulfúrico en vapor de agua, cubre totalmente el planeta desde una altura de 80 kilómetros, pero si descendemos hasta los 30 es sustituida por una capa de atmósfera transparente, similar a la nuestra. Y si nos colocamos en la superficie, la claridad es semejante a la de un día muy nublado en la Tierra.

Y puestos a hablar de la superficie, las sondas enviadas nos han demostrado que es muy llana; más de la mitad de la misma está constituida por llanuras muy planas (menos de 500 metros de elevación o depresión) y apenas un 10% está formada por elevaciones de poco más de 1.000 metros. Pero hay algo notorio: la presencia de enorme cantidad de cráteres volcánicos (varios cientos de millares) mezclados entre grandes cuencas formadas por el vertido de lavas que se extienden cientos de kilómetros; alguna de ellas alcanza los 6.800, similar a la de nuestro Amazonas, pero no de agua... de lava. Es lava antigua, vertida en una fase de gran actividad volcánica acaecida hace 200 millones de años.

Existen también cráteres producidos por impactos de meteoritos, pero aparecen muy mitigados a causa del freno que supone la densa atmósfera que lo rodea y que, en cierta medida, lo defiende del espacio exterior.

Todo esto, ya lo hemos dicho, es imposible de apreciar en visión telescópica, por muy potente que sea el instrumento empleado; sin embargo, sí es posible disfrutar observando Venus con un aparato sencillo, incluso con unos prismáticos montados en un trípode.

Por favor, hazme caso, monta tu pequeño observatorio, averigua en qué momentos del año va a ser visible, brillante, en el cielo del atardecer (lo puedes encontrar en cualquier planetario en internet) y disfruta enormemente anotando sus fases de iluminación, cambiantes día a día (creciente, lleno, menguante… igual que nuestra Luna). Verás como vale la pena; me darás la razón.

Marte

"La guerra de los mundos", *"Marte ataca a la Tierra"*, y tantos títulos que en mi juventud, en torno a 1960, se proyectaban en las salas cinematográficas de todo el mundo. Extraños seres, casi siempre *"marcianos"*, aterrizaban en nuestro planeta a bordo de poderosas y silenciosas naves; indestructibles, sembrando el pánico… para, finalmente, sucumbir a la agresión de benignos, inofensivos y domésticos microorganismos terrestres. Como quien dice: acatarrados.

Si eres hijo, te sorprenderá lo que te digo; si eres padre, lo recordarás muy bien. Pero es que, desde siempre, Marte ha sido el planeta que más ha alimentado la esperanza humana de encontrar vida en el espacio exterior.

Cercano a la Tierra (dista del Sol 1'5 au; la mitad más de lo que distamos nosotros), es el primer planeta exterior a nuestra órbita. La observación clásica lo había adornado con imágenes sugestivas de poseer características propias a las nuestras: polos helados, atmósfera, canales entremezclados… incluso posibles zonas de vegetación. Todo ello desató la imaginación. Y la idea de que pudiera existir vida y, más aún, habitantes propios: "marcianos", marcó el pensamiento y la hipótesis de toda una época.

Pero fueron las sucesivas misiones espaciales *"Mariner"* y *"Viking"* las que, en medio del desencanto y profunda decepción, aportaron pruebas e imágenes irrefutables de una realidad totalmente diferente a la imaginada. No existe vida en Marte, ni siquiera en sus formas más elementales (al menos nos la hemos podido encontrar aún o no hemos sabido dónde buscarla). Adiós a los marcianos.

Menor en tamaño que la Tierra -podría completar su superficie si juntáramos en una esfera el tamaño de nuestros cinco continentes y excluyésemos nuestros mares-, describe una órbita bastante elíptica alrededor del Sol, que completa en 686 días terrestres (casi dos años); y tiene una rotación sobre sí mismo similar a la nuestra, tanto en duración (24 horas y media) como en la inclinación de su eje (24°). Eso hace que sus estaciones sean parecidas a las terrestres, aunque el doble de largas (dos años de traslación), mientras que su día tiene una duración casi idéntica al nuestro. Un hipotético asentamiento de colonos humanos, ocupantes del planeta, no tendría necesidad de adaptarse a un nuevo ritmo noche-día.

Su superficie se caracteriza por una gran variedad geológica. La diferencia de alturas alcanza los treinta mil metros (en Venus es tan sólo de quinientos); además, los paisajes de los dos hemisferios son totalmente diferentes. En el sur existen infinidad de cráteres producidos por meteoritos y numerosas señales de erosión fluvial en forma de canales. Son cauces de ríos secos, con afluentes, que se ensanchan en dirección de su hipotético curso; sin embargo, las condiciones de su superficie, con una temperatura de hasta 120° negativos y, sólo en algunas ocasiones, un poco por encima del cero, hacen imposible la existencia de agua líquida. Lo que sí es cierto es que esas imágenes demuestran sin lugar a dudas que las condiciones reinantes en Marte hace miles de millones de años eran muy diferentes a las de ahora. Se podría decir que en el presente es un planeta envejecido y "*apagado*".

Sin embargo, en el hemisferio norte, la superficie es más activa, menos vieja, y llama la atención la existencia de numerosos volcanes (inactivos, por supuesto). Al respecto, es interesante saber que Marte posee el mayor cono volcánico del sistema solar; además, muchos de ellos tienen más de 20 kilómetros de altura, bases de varios cientos de kilómetros de ancho y calderas inmensas de más de 30 kilómetros de diámetro.

Como consecuencia de la inclinación del eje de giro existen dos zonas polares (casquetes) similares a los de la Tierra. Están constituidos por hielo de dióxido de carbono, aunque podría existir hielo de agua en los estratos más profundos. El casquete polar norte es de color rojizo y el sur, blanco característico; pero para explicar el motivo de esa diferencia hemos de dedicar nuestra atención a la atmósfera que cubre la superficie.

Posee una atmósfera muy tenue (unas cien veces menos pesada que la nuestra) constituida por un 95% de dióxido de carbono (de ahí que el hielo existente en los polos sea de este compuesto).

Cuando Marte se encuentra más cercano al Sol (perihelio) se producen fortísimas tormentas con vientos muy fuertes que levantan enormes cantidades de polvo en suspensión, y como en esa fase de su traslación, el polo norte está en fase de crecimiento, se contamina con el polvo y adopta su color rojizo característico. Además, cuando se forma el hielo en el polo sur, el planeta está en el afelio y no hay tormentas de polvo; por eso es blanco.

Y si nos elevamos por encima de esta atmósfera y observamos el cielo tenuemente azulado de Marte, donde el Sol brilla -con un disco de menor valor angular que el que vemos nosotros- durante doce horas al día, cuando llegue la noche, aparecerán dos pequeños satélites que orbitan al planeta: **Fobos** y **Deimos**. Fobos, el más pequeño, lo hace en periodos muy rápidos (unas ocho horas); es decir, se oculta dos veces cada noche marciana.

Si al planeta "Marte" se le bautizó con el nombre del dios de la guerra fue debido a que su rojizo color recordaba el de la sangre derramada en las batallas; en consecuencia, a sus satélites, para complementar el nombre bélico de su señor, se les denominó: *"Terror"* (Fobos) y *"Pánico"* (Deimos).

Son de pequeño tamaño: 27 y 15 kilómetros de diámetro mayor; y, además, tienen forma parecida al balón de rugby. Se piensa, por ello, que más que satélites propiamente dichos, se trataría de asteroides capturados por el campo gravitatorio del planeta. De hecho, Fobos disminuye paulatinamente su periodo orbital y se piensa que llegará un momento (un momento que puede durar unos 30 millones de años) en que, falto de impulso suficiente, se precipitará sobre la superficie de Marte.

Júpiter

Para los romanos, Júpiter era el padre de los dioses (Zeus en la mitología griega). Era el dios más poderoso, el que dominaba sobre todos los demás. Y ese es el motivo de haber elegido su nombre para denominar a este enorme planeta. Si sumamos el volumen de todos los demás planetas del sistema solar, sólo conseguiremos la mitad del volumen de Júpiter. En el mismo sentido, vale la pena saber que haría falta la masa de casi 320 Tierras para fabricar este gigante.

Su intensidad lumínica, unida a su gran tamaño, lo hace visible en la noche durante más de medio año (durante el otro medio está orbitando por el otro lado del Sol: ¡piensa, piensa!).

De hecho es el cuarto objeto más brillante en el cielo, después del Sol, la Luna y Venus. Con un simple prismático de algo más de siete aumentos podrás observar su perfil circular, sus satélites... pero eso lo trataremos más adelante.

Constituye un mundo enormemente complejo hasta el punto de que (lo comprobaremos al estudiar sus características) podría considerarse como un "*sistema solar fracasado*" porque reúne en sí mismo muchos de los requisitos que lo harían posible.

Se encuentra a 5 au del Sol (recuerda: cinco veces la distancia Tierra-Sol) y describe una órbita casi circular. Tarda casi doce años en recorrerla; sin embargo, su periodo de rotación sobre sí mismo apenas llega a las diez horas.

Un habitante de Júpiter, situado en su superficie dura, tendría un "*día solar*" algo menor que la mitad del nuestro. Pero ese supuesto habitante no podría ver el Sol. La atmósfera de Júpiter es tan densa y tan gruesa que la luz apenas puede atravesarla. Si dijimos que en Venus siempre había un "*nublado oscuro*", aquí la oscuridad es casi total, incluso en pleno día.

Por eso, vale la pena detenernos a estudiar su capa gaseosa. La observación óptica con los mejores telescopios sólo permite apreciar sus características superficiales; lo que existe más abajo se ha comenzado a conocer gracias a los datos enviados por las sondas espaciales, especialmente la sonda Galileo que logró penetrar hasta doscientos kilómetros en esa enorme atmósfera, antes de deteriorarse.

La imagen de superficie aparece como una sucesión de finas bandas, a modo de estratos claros y oscuros que se disponen perpendiculares a su eje de rotación, como si se tratara de paralelos terrestres (figura 38).

Figura 38

Son las imágenes que producen las nubes de hidrógeno y helio (¿recuerdas los componentes del Sol?) que se extienden hasta una profundidad de decenas de miles de kilómetros en que se encuentra la superficie sólida del planeta. Casi dos tercios del radio total corresponden a la atmósfera; un tercio, tan solo, es el del centro rocoso y helado que se oculta en su interior.

Si aumentamos la potencia del telescopio podemos percibir numerosas irregularidades en la estructura fina de estos estratos. Existen líneas finas de trazos ondulados, remolinos, núcleos más blanquecinos… que indican un enorme dinamismo el todo el conjunto y que, no obstante, mantiene ese aspecto de estratificación ordenada. El conjunto avanza en el sentido de rotación del planeta pero es cambiante, en unos pocos meses varían los detalles, aunque se mantiene la estructuración general. Y, en contraste con todo ello, aparece con gran nitidez un hallazgo único y espectacular: la *"Gran Mancha Roja"*. Una formación elíptica de grandes dimensiones: casi 50.000 kilómetros de largo y más de 10.000 de ancho (algo mayor que el doble del diámetro de nuestra

Tierra), se muestra sin cambiar de lugar desde hace más de trescientos años (desde que se visionó por primera vez). Permanece inalterable y tan sólo se producen en ella leves cambios de coloración entre el pardo-rojizo y el rosado. Desconocemos el por qué de esa mancha aunque se piensa que corresponde a una enorme tormenta de tipo ciclónico (altas presiones) que es capaz de permanecer estacionaria durante grandes espacios de tiempo.

De hecho, los estratos oscuros corresponderían a bandas nubosas, frías, de bajas presiones que descenderían, y los más claros a zonas convectivas, ascendentes, que emergerían a la superficie cargadas de cristales de hielo (en este caso de metano, rico en hidrógeno: CH_4). Es, en definitiva, algo parecido a lo que ocurre en nuestra atmósfera: los cumulonimbos, cargados de aire caliente y en ascenso, entre masas de aire frio, más pesado, que descienden a la superficie.

Y si con esas masas de aire frio nos dejamos caer hasta la superficie dura del planeta, encontraremos un núcleo de hielo y roca cuyo radio -ya lo hemos dicho- es tan sólo la tercera parte del total.

Como su atmósfera es tan pesada, la presión a nivel de superficie es de dos millones de atmósferas terrestres (sobre cada centímetro cuadrado -menos que en un sello de correos- se produce una presión de dos millones de kilogramos) y la temperatura ronda los diez mil grados centígrados.

A causa de ello, el hidrógeno rompe su molécula y pierde sus electrones. Es lo que se denomina: *"hidrógeno líquido"*.

Existe, además, una curiosa característica: Júpiter *"fabrica energía"*. Se ha podido comprobar que emite más del doble de la energía que recibe del Sol. Se piensa que es el resultado de las fuerzas de contracción de su núcleo rocoso. En el interior existen temperaturas de treinta mil grados y presiones equivalentes a cuarenta y cinco millones de kilogramos por centímetro cuadrado. Una barbaridad, si lo interpretamos con nuestra mentalidad terráquea. Esa gran presión es la que hace posible que, a pesar de las grandes temperaturas, persistan los hielos en el núcleo rocoso del planeta.

Si, ahora, atravesamos de nuevo los millares de kilómetros de atmosfera en sentido inverso y salimos al espacio exterior de Júpiter, podremos apreciar que a su alrededor orbitan numerosos satélites. Pero antes, quiero que te des cuenta de un hecho significativo: cuanto más nos alejamos del Sol, más frecuentes son los satélites de los planetas.

Recuerda: Mercurio no tiene satélite alguno; Venus, tampoco; la Tierra ya comienza a ser diferente, tenemos la Luna; Marte anda con Fobos y Deimos a su alrededor; y ahora, ¿Júpiter sigue la regla?

Pues sí, Júpiter dispone de un verdadero "sistema de satélites" (ya te dije que alguien lo definía como un sistema solar fracasado). Concretamente se clasifican en cuatro satélites mayores, una docena de menores, y otros cuerpos de menor interés. Sumados todos podemos decir que Júpiter tiene 67 satélites (esos son los que, al menos por ahora, conocemos).

Los mayores se denominan también *satélites galileanos*" en honor a Galileo que tuvo el mérito de descubrirlos al enfocar hacia ellos su otro gran descubrimiento: el telescopio. Eso fue en 1610; si queremos situarnos mejor en el tiempo, cinco años después de publicarse la primera parte del "*Quijote*" y cinco años antes de que lo hiciera la segunda. Son sus nombres: Ío, Europa, Ganímedes y Calisto, y responden a personajes mitológicos cercanos a Júpiter, aunque, más ciertamente, a su equivalente griego: Zeus.

Ío fue doncella sacerdotisa del entorno de Hera, esposa de Zeus, de la que este se encariñó; Europa, bellísima mujer fenicia, fue raptada por el propio Zeus que se disfrazó de toro; Ganímedes (el único varón de los cuatro satélites) también fue raptado por Zeus, esta vez convertido en águila, al enterarse de que era amante de su esposa; finalmente, Calisto, bella cazadora, pasó también a engrosar las filas de las favoritas de Zeus (algo caprichosillo debía ser el padre de los dioses).

No quiero confundirte con demasiados datos, pero con el fin de individualizarlos mejor (aparte de su bautismo mitológico) ahí van algunas de sus características peculiares.

Ío orbita alrededor de Júpiter en rotación sincrónica. ¿Recuerdas? Igual de la Luna, emplea el mismo tiempo en completar la órbita que en girar sobre sí mismo; por tanto siempre muestra la misma superficie a los ojos de su planeta. Otra característica diferencial es su enorme actividad sísmica. Las diferencias entre las fuerzas de atracción de los tres satélites vecinos producen alteración en la curvatura de Ío que se traducen en calentamiento interior de su masa. Ese calor es el causante del gran número de volcanes activos, tanto que los penachos eruptivos alcanzan hasta los 400 kilómetros de altura.

Por su parte, **Europa** se muestra (gracias a las imágenes enviadas por la sonda Voyager) como un mundo completamente cubierto de hielo, muy llano, surcado por grietas más o menos rectilíneas (algunas tienen tres mil kilómetros de largas y hasta setenta de anchura) que son el resultado de inmensas fracturas superficiales. No es descartable que, al igual que ocurre en nuestras zonas polares, por debajo de esta superficie helada se encuentren verdaderos océanos de agua.

Ganímedes es el mayor de todos los satélites de Júpiter, pero ¡ojo! es también el mayor satélite de todo el sistema solar. En su superficie alternan regiones oscuras y brillantes, y su débil densidad parece indicar que aproximadamente la mitad de su masa es hielo de agua.

En cuanto a **Calisto**, el más lejano de Júpiter, se trata de un cuerpo con escasa actividad. Su aspecto es muy similar al de nuestra Luna. Existen cráteres apagados de todos los tamaños.

El resto de satélites, hasta completar los 67 que ye hemos referido, son de menor interés y mucho peor conocidos.

Pero, no quiero finalizar el estudio de Júpiter sin relatarte un hecho que demuestra la agudeza de ingenio de su descubridor. Estate atento: allá por el año 1675 (en 1610, Galileo había descubierto los satélites) **Ole Römer**, astrónomo danés, se dedicaba a cronometrar los tiempos en que se producían los eclipses de estos satélites al ocultarse tras Júpiter. Y se percató de una extraña circunstancia: los mismos eclipses se retrasaban hasta 16 minutos durante medio año respecto de los tiempos en que se producían en los otros seis meses; y el ciclo de retrasos y adelantos se repetía cada periodo anual. Römer no comprendía el motivo de ese ciclo, pero se dedicó a pensar (sabia actividad a la que cada vez nos dedicamos menos). Si el ciclo se repetía cada año era porque estaba en relación con el periodo de traslación de la Tierra alrededor del Sol. Y en ese periodo, la mitad del tiempo nos encontramos también más cerca, y la otra mitad más lejos de Júpiter. Y como quiera que la diferencia entre ambas distancias era importante, Römer (aquí la genialidad) sospechó que la luz -que hasta entonces se consideraba de velocidad infinita- tenía una velocidad finita; es decir, una velocidad concreta. Apoyado en esta hipótesis, y conocedor de las distancias Tierra-Júpiter en las dos fases del año, aplicó sus cálculos y llegó a una conclusión sorprendente: la luz debía trasladarse a una velocidad en torno a los 225.000 kilómetros cada segundo. El resultado se aproximó muchísimo al que ahora, merced a nuestros más exactos métodos astronómicos de medición, conocemos (300.000 km/seg) y pone de manifiesto el inmenso valor de ingenio deductivo que tuvo el insigne astrónomo danés.

Saturno

En 1610, ya lo hemos dicho, Galileo, apenas descubiertos los satélites de Júpiter, enfocó su recién estrenado telescopio hacia Saturno. Y se sorprendió al encontrar una imagen inesperada: junto al planeta, y muy pegadas a él, aparecían otras dos esferas, diametralmente opuestas. Era como si hubiese tres planetas en contacto y alineados. Le faltó tiempo para escribir a su colega Kepler (¡otro que tal!): *"He observado que el planeta más distante es triforme"*.

Por si fuera poco, año y medio después, el planeta se visualizaba solitario: sus acompañantes habían desparecido; además, y unos meses más tarde, la imagen que se apreciaba era la de un planeta con *"asas a ambos lados"*... La confusión no podía ser mayor.

Pronto sabremos el porqué de estas cambiantes imágenes.

Los antiguos observadores del cielo (ya lo comentamos en un capítulo anterior) conocían los astros errantes: los que se movían a ritmo distinto del conjunto de las estrellas. Júpiter se trasladaba lentamente, era muy brillante; pero había otro, menos visible, que aún deambulaba a menor velocidad, como si estuviera vigilando al primero; era más pausado, más sigiloso, y por eso se le bautizó con el nombre del padre de Júpiter: Saturno (el dios del tiempo). El padre observando y tutelando al hijo.

Dista del Sol 1.420 millones de kilómetros (casi 10 au) y desde su superficie el disco solar se aprecia unas cien veces menos brillante que desde la Tierra. Para que puedas hacerte una idea, es la diferencia que existiría si teniendo cien velas ardiendo, muy juntas, apagáramos noventa y nueve y sólo una quedara encendida.

El periodo orbital lo completa en veintinueve años y medio (más del doble del tiempo que emplea Júpiter); sin embargo, el tiempo que tarda en girar sobre sí mismo es similar al de su vecino: algo más de diez horas.

Posee también un núcleo central, sólido, de hielo y rocas, rodeado en el exterior por una gruesa capa de atmósfera. Las proporciones de hidrógeno y helio son muy similares a las de la de Júpiter y el aspecto exterior se caracteriza también por la presencia de bandas, remolinos y ondulaciones.

Pero lo que más caracteriza a Saturno es la extraordinaria cantidad de satélites que lo orbitan. Precisamente esa circunstancia es la que llevó a Galileo a la confusión de creer que era un astro de tres cuerpos. Casi cuarenta años más tarde, la mejoría en la calidad de los telescopios permitió solucionar el enigma: no era un astro triple, era un enorme anillo que, rodeando al planeta, le confería ese aspecto. Además, como el plano de ese anillo no coincide con el de nuestra observación, en ocasiones se muestra espléndido y en otras, al situarse casi de perfil, es prácticamente inapreciable (figura 39).

Figura 39

Ese "*anillo*", en el que más adelante se pudieron identificar múltiples divisiones (incluso miles) -la más importante recibe el nombre de "*división de Cassini*", su descubridor-, es en realidad un lugar de giro común para miles de millones de partículas de todos los tamaños (entre una pocas millonésimas de metro y hasta alrededor de un kilómetro de diámetro) formadas por hielo y polvo.

Todas las divisiones que integran el gran anillo orbitan en el mismo plano; un plano extraordinariamente estrecho, pues, con un diámetro de casi trescientos mil kilómetros, apenas alcanza... ¡unas decenas de metros de grosor! Si queremos expresarlo en unas proporciones más próximas a nuestra imaginación, podríamos decir que estamos hablando de un disco de 15 kilómetros de diámetro y un milímetro de espesor. ¿No te parece prodigioso?

Y la pregunta que nos planteamos es evidente: ¿cuál es la causa de este complejo "disco" satelitario?

Recordemos nuestros conocimientos de las leyes del universo (Newton y Kepler); para algo tiene que servirnos nuestra recientemente adquirida *"mentalidad cósmica"*.

Atiende bien porque lo que te voy a comentar es una demostración de la aplicación de esas leyes y del ingenio matemático. En 1848 (apenas dos siglos atrás) el astrónomo y matemático francés Roche enunció y demostró lo que, desde entonces y en justo mérito, se denomina *"límite de Roche"*. En cualquier planeta que tenga satélites a su alrededor, y dependiendo de factores como son: la fuerza de atracción del planeta, la distancia a la que orbita el satélite y la fuerza de gravedad de este último, existe una distancia mínima, por debajo de la cual el satélite es destruido y puede convertirse en millones de fragmentos.

Es el resultado de lo que se denomina *"fuerza de marea"*: la atracción gravitatoria del planeta, que es diferente en cada lado del satélite, lo deforma y acaba destrozándolo. Por supuesto, la densidad (o, si se prefiere, la cohesión o fuerza de gravedad) del propio satélite será un factor determinante a la hora de calcular esa distancia crítica. Cuanto más denso, más podrá aproximarse a su planeta sin peligro de su integridad. Vale decir que si su densidad fuera muy alta podría llegar a precipitarse contra la superficie sin ser destruido.

Este fenómeno es común y puede producirse en cualquier planeta. De hecho en muchos de ellos (Júpiter, Urano) se han detectado *"discos"* de materia orbitante a su alrededor, si bien no de proporciones tan espectaculares como en el caso de Saturno. De cualquier modo y en todos los casos, esos anillos se sitúan en el ya familiar *"limite de Roche"*.

Pero, por fuera de esa distancia, Saturno posee también satélites propios. Entre todos ellos domina el enorme **Titán** (de ahí su nombre), casi tan grande como el Ganímedes de Júpiter, que posee su propia, densa y fría atmósfera (180° bajo cero).

Además, Saturno cuenta con media docena de satélites "medianos" y casi una docena de "*menores*". Todos ellos desprovistos de atmósferas, fríos y apagados, con superficies similares en todo a nuestra Luna.

De todos estos, el más próximo es **Mimas**, luego se sitúan **Encédalo, Tetis, Dione, Rea, Japeto**...

Voy a confiarte un secreto. Si alguien fuera capaz de concederme un deseo, por fantástico que fuese, le pediría que me permitiese permanecer algún tiempo en la superficie del silencioso, muerto y frio Mimas; que me permitiera estar allí (cómodo y calentito, por supuesto) observando, por encima de mi cabeza, un enorme y precioso Saturno, de más de tres palmos de tamaño angular, majestuoso, recortándose sobre la negra noche espacial, bien iluminado por un Sol distante y adornado con sus espléndidos anillos. Poder ver a Saturno amanecer por un lado, cruzar el negro cielo tachonado de estrellas y ponerse por el otro, debe ser, a mi juicio, uno de los más bellos espectáculos que pueda ofrecer nuestro sistema solar.

Afortunadamente, nadie nos privará nunca de la imaginación y con ella llegaremos a sentir esas emociones que estamos disfrutando juntos. Es lo que te escribía al principio: ¿sería el Universo lo mismo si no pudiera ser observado y analizado por alguien?

Y a propósito de la observación (lo trataremos en el capítulo correspondiente), con unos prismáticos de 50 aumentos, bien sujetos por un trípode, podemos apreciar la maravillosa imagen de Saturno con sus anillos, pero sería preciso un catalejo de 100 aumentos para distinguir la división de Cassini.

Urano

Es de tamaño algo menor que Júpiter o Saturno, aunque comparado con la Tierra sigue siendo colosal; sin embargo, lo tenemos tan lejos que su observación podría compararse a la de una moneda de dos céntimos colocada a kilómetro y medio de distancia.

En la mitología griega, el padre del titán Saturno era Urano (dios del cielo), por eso, nuestro planeta fue bautizado con ese nombre. Urano vigila desde lejos a su hijo Saturno, mientras que éste (ya tuvimos ocasión de decirlo) hace lo propio con Júpiter. Resultado: en la "mitología" del sistema solar, Júpiter es nieto, Saturno, padre y Urano, abuelo. Más viejos y lentos, cuanto más alejados del Sol.

Urano permaneció ignorado hasta que un ex-soldado alemán, músico de profesión (buen conocedor del violín, del oboe y organista), enfocó su catalejo de aficionado a la constelación de Géminis. Era la noche del 13 de marzo de 1781. Hasta entonces se creía que el último planeta del sistema era Saturno, pero Herschel, que así se llamaba el entonces músico, creyó ver algo nuevo entre las estrellas. Al principio dedujo que era un cometa, pero pronto, ayudado por las opiniones de otros observadores, concluyó que se trataba de un planeta y que se situaba por fuera de la órbita de Saturno. No descubrió el *Nuevo Mundo* (América), pero sí que tuvo el privilegio y enorme mérito de descubrir, nada menos, que un planeta.

Mundialmente reconocido, abandonó la música y se dedicó por entero a la astronomía alcanzando a ser uno de los más importantes especialistas. Estudió todos los rincones del universo, desde el Sol y la Luna, hasta las remotas galaxias.

Urano dista del Sol casi 20 au; tarda nada menos que 84 años en completar su traslación (más del doble que

Saturno), completa con rapidez el giro sobre sí mismo (17 horas), y lo hace en sentido inverso (retrógrado). Pero, además, el eje de este giro está inclinado más de 90° sobre su plano de traslación (su propia eclíptica). Sería un caso extremo entre todos los giros planetarios del sistema solar.

Si recuerdas, cuando, capítulos atrás, nos referimos al eje de giro de nuestra Tierra, hicimos unos comentarios sobre las diversas posibilidades en la orientación del mismo (figura 40).

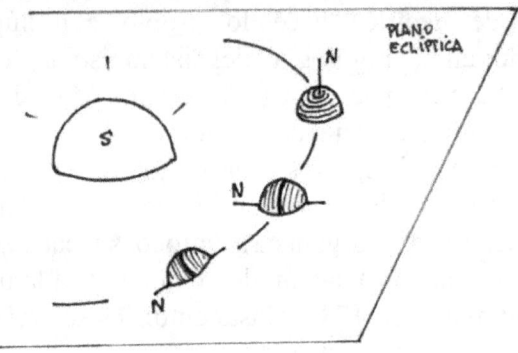

Figura 40

En el caso de Urano, el dibujo más representativo sería el de la zona media de la figura. Tanto es así que en un polo luce el sol durante 42 años de forma interrumpida, mientras que en el polo opuesto reina una noche igual de larga.

Dispone de atmósfera compuesta por hidrógeno, helio y metano: precisamente este último es el responsable del color azulón que caracteriza su observación. También, a semejanza de sus "*familiares*" Saturno y Júpiter, posee un núcleo central sólido, pero en este caso, no emite más energía que aquella que recibe del Sol. Su temperatura media es muy baja: 220° bajo cero.

Posee también su propio sistema de satélites (el propio Herschel descubrió los dos primeros) y en la actualidad su número se aproxima a los 20. Y se da la peculiaridad de que sus nombres no provienen de la mitología olímpica, como ocurre con el resto de planetas y satélites del sistema solar. Herschel bautizó los dos primeros con nombres de personajes de "*El sueño de una noche de verano*", obra de Shakespeare (Titania y Oberón). Y a partir de entonces se ha seguido esta regla para el resto de satélites que se han ido descubriendo: todos son personajes del célebre dramaturgo inglés.

Pero es que, además, Urano, a semejanza de Saturno, también posee un sistema de anillos: un total de trece han sido observados hasta ahora.

Neptuno

A partir del descubrimiento de Urano, y después de calcular sus movimientos de traslación alrededor del Sol, se pudo observar que su órbita no era la elipse perfecta que las leyes de Kepler y Newton hubieran preconizado.

Más de un astrónomo defendió que ello era la prueba de que estas conclusiones matemáticas no eran tan ciertas como se pensaba; otros (los más) por el contrario, pensaron que esas variaciones inesperadas podrían ser inducidas por la perturbación gravitacional que produciría algún "*otro*" planeta exterior a la órbita de Saturno.

Había que salir de dudas y para ello lo mejor era aplicar esas mismas leyes y tratar de deducir cuáles debían ser las constantes de los movimientos de ese "*nuevo*", pero hipotético planeta exterior.

Dos extraordinarios científicos se dedicaron a la formidable y complicada tarea de averiguar esos datos empíricos al objeto de conocer el momento y lugar por el que andaría deambulando el dudoso planeta y, por tanto, al que habría que dirigir los telescopios en el negro cielo de la noche para intentar localizarlo. Tardaron algún que otro año en llenar pizarras de ecuaciones. Y se da el hecho curioso de que cada uno de ellos desconocía que el otro se estaba dedicando al mismo problema. Uno era inglés; el otro, francés. Y, por fin, fue un alemán el que, ajustando su telescopio al lugar donde, según los cálculos publicados por ambos científicos, debía situarse el *"virtual"* planeta, lo descubrió ¡en el primer intento!; en la primera noche de trabajo. Era el 23 de septiembre de 1846. Y se encontraba, casi exactamente en la posición calculada: a menos de un grado angular (recuerda las mediciones angulares *"a ojo de buen cubero"*: el grosor de tu dedo meñique, con el brazo bien extendido hacia el cielo, ocupa un grado de extensión angular).

Increíble.

Pues bien, ya teníamos descubierto al nuevo planeta; habría que bautizarlo. Y fue una elección bien fácil. A pesar de lo dificultoso de su observación, se hacía evidente su coloración azulada marina. ¿Qué mejor nombre que el del dios del mar? Se llamaría Neptuno. Se mueve alrededor del Sol en una órbita casi circular, a una distancia algo mayor de 30 au, necesitando poco más de 164 años para completarla (eso quiere decir que desde la fecha de su descubrimiento no la recorrió por entero hasta el pasado año 2011). Su periodo de rotación es de sólo 16 horas.

Los mejores telescopios sólo permiten observar un diminuto disco que no muestra ningún detalle especial. Fue la visita de la sonda espacial Voyager 2 la que consiguió fotografías extraordinariamente valiosas. Se pudo observar una atmósfera muy activa, hasta el punto de que existen en ella los vientos más rápidos del sistema solar y varios óvalos de turbulencias; uno de ellos tan amplio como el diámetro de nuestra Tierra.

Neptuno posee, al igual que sus hermanos de proximidad, un sistema de anillos y satélites.

Los anillos son muy delgados y tenues. Hasta el punto de que hubo un tiempo en que se creyó que eran discontinuos, aunque pronto se apreció que lo que ocurría en realidad es que la materia que contienen está organizada de forma irregular.

¿Y los satélites?

Quiero hacer una pausa, tengo algo que confesarte. Para escribir este anual he consultado diversas obras maestras de astronomía. Alguna de ellas es de 1964, alguna otra, de 2001.

En la primera se anunciaba que Neptuno tenía dos satélites: **Tritón** y **Nereida**. En la segunda -después de la llegada de la sonda espacial- seis satélites nuevos se añaden a la pareja ya conocida. En la actualidad son ya catorce los satélites conocidos y, fíjate bien: hoy es 16 de julio de 2013 y estoy escribiendo esto, pero es que ayer, día 15, fue descubierto un nuevo satélite, de apenas 20 kilómetros de diámetro, producto del estudio de fotografías antiguas enviadas por el telescopio que ronda por el espacio: el Hubble. El descubrimiento es tan reciente que aún no se ha propuesto nombre para bautizarlo, aunque, como puedes suponer, se elegirá alguna deidad del Olimpo relacionada con el dios Neptuno.

Nos llega tanta información procedente de las sondas y misiones espaciales que resulta de todo punto imposible actualizar su análisis. Va a llegar un momento en que tan ingente información se "amontone" sin que se pueda sacar provecho de ella. Vamos con retraso, pero, inexorablemente siguen llegando más y más datos, y la *lista de espera* no hace sino aumentar... Es increíble.

Tritón, después de Titán (el gigante satélite de Saturno), es el segundo mayor satélite del sistema solar y posee atmósfera propia. Además, se mueve en una órbita retrógrada alrededor de Neptuno y va perdiendo energía. Tanto es así que dentro de tan solo unos cientos de millones de años llegará a situarse en el límite de Roche (¿recuerdas?: cuando la atracción del más grande rompe al más pequeño), se fragmentará, parte del mismo caerá sobre Neptuno y el resto se ordenará, pulverizado, para formar un nuevo anillo.

Por su parte, Nereida se caracteriza por describir una órbita extraordinaria. La distancia a Neptuno varía entre millón y medio de kilómetros (perigeo) y casi diez millones (apogeo). Es la elipse más excéntrica del sistema solar, pero, no lo olvides: Neptuno está (como debe ser) en un foco de esa elipse ("Primera" de Kepler).

Parece que a medida que nos alejamos del Sol, el sistema se altera, se intranquiliza. Y es que, en realidad, cuando más lejos, menor atracción solar (recuerda a Newton: disminuye proporcionalmente con el cuadrado de la distancia) y, en consecuencia, mayor libertad.

Repasemos "*de dentro hacia fuera*": Mercurio carece de satélites; Venus, también; en la Tierra tenemos a la Luna; Marte ya dispone de dos; Júpiter, exuberante, se nos muestra con más de sesenta, amén de algunos tenues anillos; Saturno, entre anillos de partículas y satélites, puede reunir cientos de miles; Urano tiene también un montón de satélites y, al menos, trece anillos; y Plutón -pronto lo vamos a estudiar- alardea de caprichos especiales.

¿Te das cuenta? Sin memorizar, ya tenemos claro el sistema solar, sus planetas y el orden de alejamiento al Sol.

Si eres *"hijo"* no me dirás nada; si eres *"padre"* tendrás la tentación de preguntarme: ¿Y Plutón? ¿Dónde lo dejas? ¿No es el último planeta?

Vamos a dedicarle un apartado especial porque se lo merece.

Plutón

En la actualidad, es el *"planeta"* peor conocido del sistema solar. Y pongo la palabra planeta en entrecomillado porque, debido a sus características especiales -que pronto analizaremos- la Unión Astronómica Internacional (UAI), en el pasado año de 2006, le retiró la denominación de planeta en el sentido oficial de la palabra. Así pues, el planeta conocido más alejado del Sol sería Neptuno. Y de ahí el desconcierto de algunos (y yo me incluyo entre ellos) para los que la lista de nuestro sistema finalizaba así: *"... Urano, Neptuno y Plutón"*.

Al contrario que en el resto de planetas, ninguna sonda espacial ha llegado a sus proximidades. En 2006 se lanzó la sonda *"New Horizons"*, y ese mismo año alcanzó la órbita de Marte; al año siguiente, la de Júpiter; en el 2011 llegó a la de Urano; en 2014 llegará a las cercanías de Neptuno y, por fin (si se cumplen los pronósticos del viaje), en Julio de 2015 llegará a situarse a tan solo 10.000 kilómetros de Plutón. Esperaremos impacientes sus imágenes, aunque -ya lo hemos mencionado- serán necesarios varios años para analizar los datos que lleguen a la Tierra.

Recordarás que Neptuno fue descubierto como consecuencia del análisis de ciertas anomalías observadas en la órbita de Urano; pues bien, de modo similar, pequeñas perturbaciones en la de Neptuno plantearon la posible existencia de otro planeta más exterior a él.

Puestos a la tarea de descubrirlo, fue un astrónomo americano quien, comparando fotografías idénticas del espacio estelar pero tomadas con algunos días de intervalo (ingrata y pesada tarea), descubrió una "estrella" que en dos fotografías sucesivas había cambiado de posición. Era febrero de 1930. Un mes después se publicó la noticia y el mundo tuvo conocimiento de la existencia del nuevo planeta. Fue algo fantástico.

Había que ponerle nombre, bautizarlo. Un bibliotecario inglés comentó a su nieta de 11 años la noticia del descubrimiento y la niña le contestó que debería llamarse Plutón, el dios romano de los infiernos. El abuelo habló con un astrónomo amigo y este a su vez lo comunico a unos colegas americanos. El nombre fue acogido con satisfacción porque, además, sus dos primeras letras: P y L, coincidían con las iniciales de Percival Lowell, el astrónomo que antes de su muerte vaticinó la existencia del planeta.

Comparado con el resto de planetas, es el más pequeño: 2.300 kilómetros de diámetro (recuerda que el de la Luna es 3.500 km).

Su órbita es muy poco habitual. La elipse es tan excéntrica y está tan inclinada con respecto a las demás (17° con la nuestra), que hay quien defiende que podría tratarse de un satélite de Neptuno que, tiempo atrás, hubiera escapado de su atracción.

114

Emplea 248 años en completar su órbita y dista 39 au del Sol (9 más que Neptuno).

Y ahora, piensa un poco: si la luz del Sol tarda 8 minutos en llegar hasta nosotros... empleará 5 horas y media en alcanzar Plutón.

Desde allí, el Sol se apreciará como si fuera una estrella cualquiera; algo más brillante, pero nada sospechosa de estar en uno de los centros de su elipse de rotación. Llegará su luz, pero nada de su calor.

Las primeras fotografías ampliadas demostraban una forma muy alargada y pronto se supo que en realidad era la imagen compuesta por dos astros: Plutón y un fiel satélite: **Caronte** (el barquero que transportaba los muertos a los infiernos). Sólo están separados por 19.000 kilómetros, y por estar tan cercanos y existir una relación de masas adecuadas (Caronte tiene 1.300 km de diámetro), la órbita de Caronte es sincrónica y, además, coincide con el periodo de giro de Plutón. Resultado: cada uno de ellos sólo muestra una "cara" al otro. Están continuamente mirándose a los ojos. No se conoce otro caso similar en el universo.

Pero Caronte no está solo; observaciones recientes han descubierto hasta cinco satélites más.

Y, por si fuera poco, se han encontrado miles (has leído bien), miles, de cuerpos orbitando alrededor del Sol a una distancia mayor de los 30 au; es decir, por fuera de Neptuno. O lo que es lo mismo: en la zona por donde anda moviéndose Plutón. Todos ellos son mayores de 100 km de diámetro y alguno es, incluso, mayor que el mismo Plutón, es el caso de **Eris**.

Otros, también de tamaño considerable, son: **Senda, Makemake, Haumea**... ¡se calcula que hay más de 70.000 que superan los 100 km!

Ese ha sido el motivo de que los organismos internacionales hayan retirado la calificación de planeta a Plutón.

Como siempre, el cosmos nos asombra, nos supera... nos emociona.

Y aún hay más: entre las órbitas de Marte y Júpiter se mueven gran cantidad de cuerpos celestes, los **asteroides,** y, por si fuera poco, otros más, los **cometas,** andan deambulando en órbitas enormes por el exterior del sistema. Todo ello será el motivo del próximo capítulo.

Otros más: Asteroides, Cometas y Meteoroides.

Conocemos la existencia de estrellas, planetas, satélites... pero ¿**asteroides**?, ¿qué entendemos por asteroides?

Como su nombre quiere indicar, son algo así como astros menores. Más exactamente podríamos hablar de planetas menores que, sin embargo tienen características comunes: Todos se encuentran bajo la atracción del Sol y por tanto se trasladan en torno a él. Pero para conocerlos mejor hemos de remontarnos un poco en el tiempo. La historia de su descubrimiento seguro que te va a gustar.

En 1766, cuando sólo se conocían seis planetas, un profesor de Wittenberg -J. D. Titius- se sorprendió al observar que las distancias de cada uno de ellos al Sol seguían cierta proporcionalidad a medida que se alejaban de él. Tomó como patrón la distancia entre Sol y Tierra (adjudicándole un 10) y a partir de esa cifra, las demás distancias *"relativas"* eran como sigue:

Mercurio	3'8
Venus	7'2
Tierra	10
Marte	15'2
Júpiter	52
Saturno	

A continuación, y porque así lo decidió él mismo, adjudicó la cifra cero a Mercurio, la cifra 3 a Venus, la 6 a la Tierra, la 12 a Marte, y de este modo siguió duplicando cada una por sí misma. No contento con esto, a cada resultante, le sumó la cifra 4 (cual si de una constante se tratara), así:

Mercurio	0 más 4, igual 4
Venus	3 más 4, igual 7
Tierra	6 más 4, igual 10
Marte	12 más 4, igual 16

El resultado de las sumas correspondía, con pequeño margen de error, a la distancia relativa al Sol; pero al llegar a Júpiter la regla no se cumplía porque el resultado era:

Júpiter	24 más 4, igual 28

Y 28 suponía un error muy grande respecto a la cifra relativa real, que era nada menos que 52.
Por el contrario, si imaginaba una órbita desconocida entre Marte y Júpiter, el resto de distancias volvía a coincidir con las reales. Volvamos a comenzar, esta vez desde la Tierra:

Tierra	6 más 4, igual 10
Marte	12 más 4, igual 16
Desconocido	24 más 4, igual 28
Júpiter	48 más 4, ¡igual 52!
Saturno	96 más 4, ¡igual 100!

Y 52 y 100 sí que coincidían plenamente con las distancias relativas de Júpiter y Saturno al Sol.

Ya teníamos, ahora sí, una equivalencia correcta para las distancias de Júpiter y Saturno.

Si eso era cierto, la explicación más plausible es que cabía la posibilidad de que entre las órbitas de Marte y Júpiter existiese un planeta aún no descubierto.

Consciente de que podía ser un dato importante publicó un libro con los resultados de su observación, pero no obtuvo ninguna atención por parte del mundo astronómico de la época.

Debieron transcurrir seis años hasta que el director del observatorio de Berlín, J. Bode, retomó el tema y se apropió del descubrimiento. En honor a ambos insignes científicos, este hallazgo es conocido en la actualidad como la "*Ley de Titius-Bode*".

Además, y por si faltaba algo, nueve años más tarde se descubrió -como ya tuvimos ocasión de tratar en el capítulo anterior- el planeta Urano, y su distancia relativa al Sol estaba bastante de acuerdo con la predicha por esta ley.

En efecto, su distancia relativa era de 192, y la ley Titius-Bode la predecía así:

Urano 192 (el doble de 96 de Saturno) más 4, ¡igual 196!

Por tanto, si eso era cierto, ¡no había un minuto que perder! Era necesario barrer, literalmente, los cielos en las proximidades de la eclíptica para "*cazar*" al fantasma que ocupaba ese intervalo de distancias deshabitado hasta la fecha (entre Marte y Júpiter).

Y he dicho "en las proximidades de la eclíptica" porque, como recordarás, todos los planetas conocidos recorren sus planos de traslación alrededor del Sol con una inclinación muy similar al nuestro, al de nuestra eclíptica.

Y los telescopios se pusieron a trabajar con entusiasmo porque otro alemán, el barón von Zach (que no tenía problemas económicos), contrató a cinco colegas y creó lo que con afecto denominó la "*policía celestial*". Cada uno de ellos se dedicaría a investigar una zona específica del cielo nocturno. El ansiado planeta debía aparecer pronto.

Y, efectivamente, tan sólo unos meses después, el uno de enero de 1801, apareció; pero no fue un "*policía celeste*" el que lo descubrió sino un paciente astrónomo italiano, Piazzi, que se estaba dedicando a confeccionar un catálogo se estrellas: un mapa celeste.

Una vez detectado, lo siguió durante 40 días (mejor dicho: noches); luego, dejo de hacerlo porque enfermó, y cuando volvió a buscarlo, el planeta andaba ya deambulando por el otro lado del Sol; ya no sería visible durante algún tiempo, probablemente bastante tiempo. Además, ¿por dónde habría que buscarlo? En el mundillo astronómico, ya conocedor de la noticia del descubrimiento, reinó el pánico. Y aquí se inicia un buen ejemplo de simbiosis entre ciencias afines: matemáticas y astronomía.

Un joven y brillante matemático, nada menos que Gauss -"*El príncipe de las matemáticas*"- que entonces tenía apenas 25 años y ya había enunciado un sistema para calcular órbitas planetarias, se interesó por el problema, comenzó a trabajar en él y algún tiempo después publicó sus resultados.

Los telescopios volvieron a escena y, por fin ¡casi exactamente en el lugar que había predicho Gauss! apareció de nuevo el ansiado planeta. Además, su distancia relativa al Sol era 27'7, ¡y la predicha por la ley de Titius-Bode era de 28!

Fue bautizado con el nombre de "*Ceres*", diosa romana de la agricultura.

Pero no acabó ahí la cosa, pocos días después fue descubierto otro cuerpo celeste en las proximidades de Ceres, y se le nombró: "*Palas*" (diosa griega de la sabiduría).

Animados, los cazadores celestes insistieron en su trabajo y "*Juno*" (diosa de la maternidad) y "*Vesta*" (diosa del hogar) hicieron su aparición. Como ya te has dado cuenta, todos sus nombres son femeninos y representan actividades placenteras.

A partir de entonces aconteció una oleada de descubrimientos (**Astraea**, **Hebe**...). En 1903 ya se contabilizaban más de 500; a finales del año 2000, son ya más de 10.000 los objetos catalogados y no se rechaza la idea de que, en realidad, el número total rebase... los ¡cien mil!

Así pues, el ansiado planeta que debía circular entre las órbitas de Marte y Júpiter se había convertido en una inmensa familia de astros circulantes. No era apropiado denominarles planetas y se les bautizó como "*planetoides*", "*planetas menores*" o, más actualmente: "*asteroides*".

Ya conoces su historia. Estarás de acuerdo conmigo en que, como todo lo que ocurre en el espacio, es emocionante.

Ceres es el de mayor tamaño (690 km de diámetro); del resto, sólo algunos pocos superan los 150 km.

Y, ya lo sabes, giran alrededor del Sol siguiendo el plano general del sistema (en torno a la eclíptica), ocupan el espacio existente entre las órbitas de Marte y Júpiter y constituyen lo que se ha bautizado como "el cinturón de los asteroides". Hoy día se acepta la hipótesis de que constituyen un cúmulo de pequeños astros que debían haberse unido para formar ese teórico y deseado *"quinto planeta"*; sin embargo, la poderosa influencia gravitatoria del vecino Júpiter lo ha hecho imposible. Mientras el padre de los dioses mantenga su cercana tutela, cada uno de ellos seguirá su camino, indiferente de sus vecinos. Son el proyecto de un planeta que nunca llegó a nacer.

Gracias a las fotografías obtenidas por las sondas espaciales que han transitado entre ellos sabemos que todos presentan cráteres por impactos externos; algunos poseen campos magnéticos propios; otros están formados por materiales muy distintos; incluso se conoce uno (**Ida**), de 34 km de diámetro, que posee un satélite particular (**Dáctilo**) que mide sólo kilómetro y medio. Es por poseer todas esas características por lo que también se les denomina *"**planetas menores**"*.

Pero no todos los asteroides circulan por el cinturón a que hemos hecho referencia. Existen ciertos grupos (también llamados *"familias"*) cuyas órbitas siguen otros trazados muy excéntricos (elipses muy alargadas); llegan, incluso, a cruzar órbitas de otros planetas (las de Marte o la Tierra). Algunos se acercan a Mercurio y su perihelio (¿recuerdas?: recorrido más cercano al Sol) está muy próximo al astro rey.

Los que en su continuo circular se acercan a la Tierra se denominan *"NEAs"* (del inglés: Near Earth Asteroids) y, como ya estarás deduciendo, son los NEAs lo que han producido en alguna ocasión impactos importantes contra nuestro planeta. Es muy creíble la hipótesis de que la caída de un asteroide de este tipo, de suficiente tamaño, pudo desencadenar el cataclismo que acabó con la vida de los dinosaurios.

Desde entonces, rara es la década en que no aparece la noticia de algún asteroide, de mayor o menor importancia, que impacta sobre la Tierra.

Estos planetoides que deambulan por fuera de lo que la ley de Titius-Bode pudiera suponer, tan atípicos, con órbitas tan estrechas, que aparecen de improviso y muchas veces no somos capaces de saber cuándo lo volverán a hacer, nos llevan de la mano a considerar la existencia de otros cuerpos celestes no menos importantes y curiosos: los **Cometas.**

Los **cometas** son cuerpos del sistema solar, similares a los asteroides, pero con características propias bien definidas.

En líneas generales, sus órbitas son muy excéntricas (es lo mismo que decir que las elipses que recorren son muy alargadas). Cuando están en su porción más lejana (afelio) pueden situarse en la región de Júpiter o aún más distantes; sin embargo, cuando a toda velocidad contornean al Sol (perihelio) se aproximan a él a distancias increíblemente pequeñas; incluso más cerca que el mismo Mercurio.

Además, y a diferencia de planetas y asteroides, sus órbitas no trazan el plano habitual en las proximidades de nuestra eclíptica. Algunos inclinan su órbita hasta 90º, otros, incluso, giran en sentido retrógrado. Eso quiere decir que un cometa puede situarse en cualquier lugar del cielo que nos rodea.

Un cometa está integrado por un núcleo, una coma (o cabellera) y una cola (figura 41).

Figura 41

El núcleo es de pequeño tamaño en comparación con el tamaño total. Su diámetro oscila entre unos cientos de metros y una veintena de kilómetros, y está compuesto mayoritariamente por hielo y polvo, aunque reúne en sí mismo el 99% de toda la masa del cometa.

Es ya una forma común de hablar el decir que es "hielo sucio". En realidad, el hielo está integrado por metano, anhídrido carbónico y agua congelados. Más interiormente, es roca lo que constituye el verdadero núcleo duro del cometa.

Cuando se va acercando al Sol, el aumento de temperatura que ello supone afecta a estos hielos y se produce una sublimación. Eso quiere decir que el hielo no se transforma en líquido, como sería lo lógico (licuefacción), sino que directamente pasa de hielo a gas (eso es lo que se define como sublimación). Ya a una distancia cometa-Sol de 38 au (recuerda: 1 au es la distancia Tierra-Sol o lo que es lo mismo, 150 millones de kilómetros) comienza a sublimarse el "*hielo sucio*" del cometa, y el gas resultante, que alberga en suspensión el polvo de su superficie, produce lo que se llama "*coma o cabellera*": una especie de nube más o menos esférica que rodea al núcleo.

Y es precisamente el material de esta cabellera el que, cuando el cometa se aproxima más al Sol, es desviado en sentido contrario por efecto del *"viento solar"* de la fotosfera (recuerda el capítulo dedicado a nuestro Sol) (figura 42).

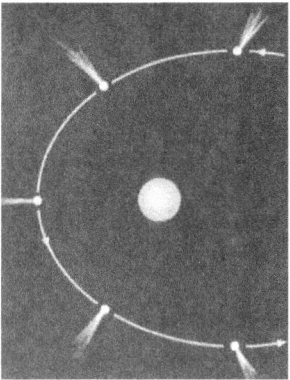

Figura 42

Ese penacho que abandona el núcleo del cometa es lo que se denomina *"cola"*. Y esa cola es el hecho diferencial más importante a la hora de definir al astro en cuestión como un cometa. En ocasiones es tan importante que puede alcanzar cientos de millones de kilómetros de longitud (más que la distancia Tierra-Sol).

Pero fíjate bien, no se trata de una estela que va dejando el cometa; es, al contrario, un chorro de gas y polvo que se escapa del mismo pero que no tiene nada que ver con su trayectoria; como puedes ver en la figura, siempre se orienta en sentido contrario al Sol.

De hecho, cada vez que el cometa vuelve a las proximidades del Sol pierde cierta cantidad de materia en su núcleo, hasta el punto de que se calcula que después de varios cientos de pasos por el perihelio habrá perdido la mayor parte de sus hielos. Entonces, el cometa seguirá realizando su órbita habitual, pero sólo podrá observarse como un punto de luz reflejada. Vale decir, por tanto, que un cometa tiene una vida de unos pocos millones de años.

Como puedes apreciar, la familia de los cometas reúne características que la hace muy especial: aparecen en determinadas fechas, en ocasiones bien predecibles como es el caso del cometa Halley (periodo de 76 años) o el Hale-Bopp; sólo son visibles en la proximidad del Sol porque cuando circulan alejados del mismo pierden su cola y sólo los más potentes telescopios los pueden identificar como insignificantes puntos muy poco brillantes; sus órbitas son muy excéntricas y de recorridos inesperados; algunos, incluso, contornean el Sol y ya no volverán a hacerlo jamás porque describen órbitas abiertas (no son elipses), pasarán de largo y se irán alejando indefinidamente perdiéndose en las profundidades del espacio, deambulando entre otros sistemas planetarios...

Una vez más, y ya van muchas, nos encontramos ante lo desconocido. Nuestra imaginación es incapaz de, siquiera, sospechar la realidad del universo. Y una vez más, de nuevo, la emoción compensa nuestros esfuerzos por intentarlo.

Ya va siendo hora de que, juntos como siempre, nos escapemos del sistema solar -tal vez a caballo de uno de estos cometas que "escapan al espacio exterior"- para deambular entre las estrellas y conocerlas mejor.

Dediquemos, antes, sólo unas palabras para tratar el tema de los **meteoroides** y completar así el enunciado de este capítulo.

Hemos de distinguir entre las palabras: **meteoroide, meteoro y meteorito**. Pero, definamos al astro responsable de esta terminología: Se denomina *"meteoroide"* a cualquier partícula de pequeño tamaño (no importa que sea de hielo, polvo o roca) que recorre, al igual que cualquier otro objeto planetario, una órbita alrededor del Sol.

Y ahora me dirás: *"eso también puede definir a los asteroides"*. Y así es. La única diferencia que los separa -por cierto, bien poco definida- es el tamaño: los asteroides, más grandes; los meteoroides, más pequeños.

¿Pequeño tamaño, cuánto de pequeño? Pues la verdad es que no se ha establecido una frontera entre el tamaño de ambos. Es, en realidad, un concepto muy difuso.

Si la órbita que recorre el meteoroide se cruza con la de nuestra Tierra y ambos coincidimos en ese punto, el primero entrará en la atmósfera terrestre y se hará visible. Es entonces cuando hablamos de *"**meteoro**"*: el meteoroide, merced al rozamiento con la masa de aire, aumenta de temperatura, acaba fundiéndose y produce una estela en el cielo nocturno visible desde nuestra posición. Es lo que entendemos como *"estrellas fugaces"*.

Si el meteoro, por su especial composición o por su tamaño, no llega a desintegrarse del todo, acabará impactando contra la Tierra. Es entonces cuando pasará a llamarse *"**meteorito**"*.

Ya tenemos clara la terminología al respecto de estos pequeños visitantes, pero ¿cuál es su origen, de dónde proceden?

Algunos son restos de asteroides que sufren fragmentaciones al chocar entre sí y producen verdaderas nubes de pequeños residuos que siguen orbitando alrededor del Sol; algunos otros son el resultado de la dispersión de partículas de la cabellera de los cometas al acercarse al Sol (en estos casos, el tamaño es significativamente pequeño: polvo); por fin, los menos, ingresan en nuestro sistema solar procedentes del espacio intergaláctico (*"entre las estrellas*"), porque -como muy pronto vamos a tratar- el Sol (y con él, todo su sistema planetario) recorre un camino bien definido entre el resto de las estrellas. Estamos viajando por el universo y podemos cruzarnos con meteoroides que hacen lo mismo, pero en otras direcciones.

Es curioso: el hombre pretende viajar por el espacio a cualquier precio; sin embargo, no se da cuenta de que desde el principio de los tiempos (vaya forma más imprecisa de expresarnos), cómodamente instalados a bordo de nuestra Tierra y de la mano de nuestro padre Sol, nunca hemos dejado de hacerlo.

El caso es que, independientemente de su origen, si alguno de estos meteoroides se acerca a 200 kilómetros de la Tierra entrará en contacto con la atmósfera a una velocidad entre 10 y 80 kilómetros por segundo. No tendrá más remedio que seguir descendiendo a favor de la gravedad, y cuando se encuentre a 100 kilómetros, la feroz resistencia del aire lo pondrá incandescente. Un par de segundos después, a unos 80 km de altura, se volatilizará. Sencillamente: desaparecerá. Sólo si es mayor que un grano de arena penetrará un poco más en la atmósfera y durante el segundo que tarde en fundirse mostrará un trazo fino y brillante. Si tuviera el tamaño de una piedra pequeña, ese rastro puede ser tan brillante que ilumine parte del cielo nocturno y persista visible durante varios segundos. La mágica "estrella fugaz" se habrá consumado.

En una noche normal, si las condiciones son idóneas, podemos observar cinco o seis estrellas fugaces cada hora; son meteoros esporádicos. Pero hay ocasiones, bien definidas por el calendario anual, en que aparecen con mucha mayor frecuencia. Hablamos entonces de "lluvias" de meteoros y son la consecuencia del cruce de la órbita terrestre con la de un grupo o familia de meteoroides (eso es fácil de imaginar si recordamos los orígenes de estos cuerpos celestes). Esas lluvias reciben el nombre de la constelación celeste de donde provienen, y eso es sencillo de averiguar porque si prolongamos hacia atrás los trazos de las estrellas fugaces, todos confluyen en un punto común (igual que la perspectiva de las vías del tren les hace confluir en la lejanía).

Una de las lluvias más conocidas es la que todos los meses de agosto nos llega desde la constelación de Perseo: La lluvia de estrellas fugaces de "Las Perseidas". Es en ese mes cuando la Tierra cruza la órbita de esta gran familia, probable nube de restos de algún asteroide destruido muchos miles de millones de años atrás.

Todos los meteoroides tienen una composición similar que varía entre predominio metálico de hierro (sideritos), de roca (aerolitos) o intermedios (siderolitos). Eso se ha podido estudiar a la perfección gracias a la recuperación de meteoritos tras su impacto en la Tierra. Algunos son de tal entidad (hasta 60 toneladas) que contradicen su "pequeño tamaño". Habría que considerar estos gigantes como verdaderos asteroides, capaces de arrasar regiones enteras a su caida o acabar, incluso, con la vida sobre nuestro planeta.

Es curioso pensar que los meteoritos, que son nuestro único enlace material con el espacio exterior, pudieran llegar a ser también los responsables de nuestra extinción.

Creo que estarás de acuerdo conmigo si te digo que ya es suficiente con todo lo que te he contado respecto al sistema solar. Hora es ya de salir "un poco" más afuera.

Pero, recuerda: seguimos ambos sentados juntos; damos vertiginosas vueltas sobre nuestro eje terrestre norte-sur; nos trasladamos sin cesar alrededor del Sol y, por si eso fuera poco, integrados en el sistema planetario -con el Sol como centro- nos movemos girando todos juntos en torno a algún punto del espacio exterior (¡y tan exterior!).

El sistema solar se nos queda pequeño a la hora de relatar nuestras nuevas andanzas. Vamos a adentrarnos en el mundo de las estrellas; en el fascinante universo galáctico. Los planetas que hemos estudiado pasarán a ser insignificantes partículas de polvo en comparación a lo que muy pronto vamos a conocer.

Estrellas y Galaxias

Antes de continuar hemos hacer un esfuerzo y cambiar de mentalidad; además, ese cambio debe producirse en dos aspectos diferentes y complementarios.

Por una parte va a ser necesario multiplicar por mil o por mucho más todas las dimensiones que hasta ahora hemos estado citando y que nos han llenado de admiración.

Si la "*unidad astronómica*" (distancia Sol-Tierra: 150 millones de km.) ha sido hasta este momento una referencia, a partir de ahora la "*vara de medir*" distancias se va a convertir en el "*año-luz*" (9 billones y medio de kilómetros o lo que es lo mismo: algo más de 63.000 unidades astronómicas).

Y por otra - tal vez más importante-, no deberemos caer de nuevo en la falsa creencia de que somos protagonistas de algo. En el principio del conocimiento astronómico se pensaba que la Tierra era el centro del universo conocido hasta que se demostró que no era así y que ese papel correspondía al Sol. Ahora podemos cometer el mismo error. Nuestro sistema solar no es el centro de nada en el universo. Me atrevo a decirte que en el universo nada es centro de nada; todo, eso sí, gira; todo se mueve; todo influencia a su entorno y, del mismo modo, es influido por él. Todo es infinito y, por definición, en el infinito nada está en el centro.

Si trasladáramos a la estrella más cercana nuestro mayor telescopio y lo enfocáramos hacia aquí -donde yo estoy contándote esto y tú me estás escuchando-, lo único que observaríamos sería un pequeño punto de luz similar a cualquier otra humilde estrella de las infinitas que pueblan el oscuro espacio. Nada haría sospechar que alrededor de esa chispa andan orbitando un montón de planetas, asteroides, cometas... y, menos aún, que en uno de ellos existiese una especial forma de vida, razonablemente inteligente. Desde esa estrella donde hubiéramos montado nuestro observatorio seríamos ignorados; seríamos, simplemente, polvo espacial. Nada más.

Si entendemos bien ese cambio de pensamiento estaremos en condiciones inmejorables para adentrarnos en el reino de las estrellas; en el espacio intergaláctico.

Ya he tenido ocasión de decirte que todas las estrellas son esencialmente iguales: enormes hornos productores de energía nuclear que proviene de la conversión del hidrógeno en helio. Todo lo que conocimos al estudiar el Sol es perfectamente aplicable al resto de estrellas; no obstante, al compararlas entre sí, aparecen diferencias en varios aspectos.

Voy a ser muy simplista.

Cuando observamos la esfera celeste nocturna, lo primero que nos llama la atención es que las estrellas tienen distinta intensidad de brillo o, si se prefiere, diferente luminosidad. Es tan evidente que, ya 150 años antes de Jesucristo, Hiparco de Nicea (Nicea, hoy, es una ciudad de Turquía) llegó a anotar más de mil estrellas en un catálogo personal y las clasificó según su brillo en seis **magnitudes**; las de primera magnitud, las más brillantes.

Esta clasificación tenía mucho de subjetivo: cada noche, las circunstancias de la observación podían ser diferentes; no digamos si, además, tenemos en cuenta la diferente apreciación de cada observador. Sin embargo, fue un método válido y utilizado por la comunidad astronómica durante casi 1.500 años. Más recientemente, las técnicas fotográficas de mediados del siglo XIX han permitido mediciones realmente objetivas; no obstante, el sistema de magnitudes de Hiparco se ha mantenido en homenaje a su memoria.

Si la primera magnitud corresponde a las estrellas más brillantes, la sexta sirve para definir las que son apenas apreciables a simple vista sin la ayuda de instrumentos ópticos. Sin embargo, como quiera que se hayan introducido formulaciones matemáticas para encuadrar cada magnitud, algunas estrellas (apenas cuatro) dan como resultado una magnitud "negativa", es decir, son más brillantes que las de primera magnitud (magnitud 1).

Al colocar el signo negativo delante de la cifra da la impresión de que la luminosidad es menor, pero, como ya te he indicado, es todo lo contrario: cuanto mayor es la cifra negativa, mayor luminosidad; cuanto mayor es la cifra positiva (sin el signo menos delante), menor luminosidad.

Abro un paréntesis para hacerte una pregunta: ¿Cuál es, para el observador humano, la estrella más brillante del firmamento?

Si has cambiado de mentalidad -tal como te aconsejé al principio de este capítulo- me contestarás de inmediato: *Como la estrella más cercana es el Sol, pues esa es la que "nos parece" más brillante*. Efectivamente, y si le adjudicamos una cifra dentro de la tabla de magnitudes estelares, le corresponderá: -26'7 (Sirio, la estrella más brillante del cielo nocturno tiene una magnitud de -1'4).

Pero no todo es tan sencillo como parece. La distancia variable a la que se encuentran las estrellas puede modificar su brillo. Cuanto más alejada, menos visible. Además, en el espacio existen zonas inmensas ocupadas por nubes de gases y polvo, son las denominadas *"nebulosas"*; lógicamente, las estrellas que se encuentren por detrás de esas formaciones o serán invisibles o tendrán muy mermada su luminosidad. Por todo ello vale decir que la clasificación de la magnitud estelar es, más bien, una clasificación aparente. Es *"lo que podemos apreciar"*.

Afortunadamente existe, además, otro modo de estudiar y clasificar las estrellas: la **espectroscopia**.

Newton, nuestro admirado descubridor de las leyes gravitatorias, observó que la luz blanca se descomponía en los colores del arco iris tras atravesar un prisma transparente y enunció la teoría de que la luz blanca era, en realidad, un conjunto homogéneo de todos esos colores parciales. Más adelante, perfeccionando los sistemas de filtrado de la luz, se pudo apreciar que la luz solar emitía también una serie de estrechas bandas negras. El conjunto de las emisiones abarca espacios diferentes en una gráfica según sean sus longitudes de onda respectivas y su conjunto constituye lo que se denomina *"espectro"*. Al aparato capaz de detectarlo se denomina *"espectroscopio"*.

El progreso en la investigación de estos fenómenos demostró que cada cuerpo emite una luz (visible para el ojo humano) o una radiación electromagnética (invisible) que tendrá características diferenciables según sea la composición química del cuerpo emisor; y se da la circunstancia que el calor, a partir de ciertos límites, puede hacer variar la composición química de un cuerpo al producir alteración de las capas de electrones en sus átomos. Cada vez que un electrón, influido por la temperatura, cambia de posición respecto al núcleo atómico, emite o absorbe energía, y lo hace creando o absorbiendo *"fotones"* (energía electromagnética en forma de luz). Si somos capaces de interpretar el espectro que produce un material al aumentar su temperatura, podemos averiguar su composición.

Desgraciadamente, nuestra percepción visual es muy limitada. Sólo sabemos que un metal está muy caliente si observamos que se pone al rojo vivo. Más útil sería poder mejorar nuestra apreciación visual del "*espectro*"; nos evitaríamos muchas sorpresas cuando cogemos un objeto aparentemente frío, pero lo suficientemente caliente como para levantar ampollas en la piel.

El espectroscopio ha supuesto una de las mayores revoluciones en el saber astronómico. Gracias a él se han obtenido características particulares de irradiación luminosa de más de doscientas mil estrellas, que se han agrupado en nueve categorías diferentes (aunque las variaciones que se producen en esta clasificación están a la orden del día). Merced al espectroscopio, podemos saber la temperatura superficial de cada estrella -variable desde los 25.000 a los 3.000 grados- y, en consecuencia, la composición predominante de la misma: hidrógeno, helio, silicio, nitrógeno, carbono...

Es, en definitiva, una forma mucho más científica de clasificación que la mera magnitud de su brillo.

Pero, que una estrella sea más "*caliente*" o más "*brillante*" (ya sabemos que, en el fondo viene a ser lo mismo) no quiere decir que eso haya sido siempre así. Cada estrella, como cualquier otro cuerpo del universo, tiene una vida particular: nace, alcanza su máximo esplendor y va involucionando hacia el final de su ciclo hasta que, bien por enfriamiento, bien por explosión, sencillamente desaparece como tal estrella. En el primer caso, la materia se contrae, la densidad aumenta, el tamaño estelar es relativamente pequeño (a veces tan solo de seis o siete mil kilómetros de diámetro) pero llega a ser tan compacta que una porción del tamaño de un guisante pesaría más de mil toneladas en la Tierra.

Si, por el contrario, finaliza en forma de explosión, aparecen lo que llamamos "*novas*" o "*supernovas*": estrellas que dejan de ser hornos nucleares uniformemente controlados y de forma inexplicable entran en una especie de locura y liberan en una fracción de segundo todo su poderío nuclear. Si eso ocurre, una estrella anónima, apenas citada en los catálogos estelares, en el intervalo de pocas horas multiplica su luminosidad cientos de miles de veces para desaparecer por completo unas pocas semanas después; a lo sumo, una tenue nube de gas y polvo es todo lo que queda de ella.

Pero, no todo es tan simple. En el universo "*nada es igual a nada*". Que me perdonen los amantes de la química pero me atrevo a decirte que no hay ni siquiera dos átomos iguales, aunque sean del mismo elemento. Será su temperatura, su movilidad, su gravitación... pero estoy seguro que si pudiéramos analizarlos a escala infinitésimamente pequeña, como te digo, no habría ninguno idéntico. Por supuesto, es una idea personal que no va más allá de una mera concepción filosófica; que roza la sinrazón.

Y, como ya estarás sospechando, he estado un buen rato ausente de escritura, pensando confuso, dudando si debía exteriorizar mi opinión y comentarla contigo o, por el contrario, guardarla para mí, origen de esa emoción que (estoy seguro) ya nos embarga a ambos.

Pues en las estrellas ocurre lo mismo que en las partículas elementales: ninguna es igual a otra. El tamaño, el brillo, la temperatura, su entorno gravitatorio, su vida media, su final, todo las hace diferentes entre sí. Algunas son enormes (Betelgeuse tiene un diámetro diez veces mayor que el de la órbita terrestre alrededor del Sol); otras son muy pequeñas y muy densas (**enanas rojas y blancas**). Algunas se sitúan muy próximas entre sí; son las llamadas "*estrellas dobles*" y algunas, incluso, orbitan mutuamente a la par entre ellas.

En ocasiones no sólo son dobles sino que se agrupan verdaderas familias de estrellas, muy próximas, son los llamados "*cúmulos estelares*"; algunas de estas "familias" son tan numerosas que llegan a albergar centenares de miles de estrellas, todas muy juntas; son los "*cúmulos globulares*" y en su interior todas giran en torno a un centro común. Y en estos casos siempre aparece, envolviéndolo todo, un halo de gas y polvo, irregular, en el seno del cual se sitúan esos cúmulos. Estamos hablando de las "*nebulosas*". Esas nebulosas son las que, por fenómenos de contracción y gravitación acelerada entre sus partículas darán lugar a la formación de esas estrellas que envuelven en su seno. Tal vez por ese motivo es adecuado el término coloquial de "*familias*": todas ellas proceden de algo común.

Algunas estrellas mantienen una magnitud constante; otras muestran variaciones periódicas en su luminosidad (**estrellas variables**). Por si fuera poco, las hay que estallan, desaparecen, pero cierto tiempo después vuelven a brillar como si nada hubiera ocurrido... ¡para volver a explotar de nuevo y repetir el ciclo de forma periódica!

Pero aún hay más: las estrellas no está fijas, tal como podríamos deducir al observarlas. Todas tienen movimientos de traslación que les son propios; movimientos que, como pronto podremos estudiar, se producen en direcciones definidas y a velocidades muy considerables. Si desde nuestro punto de vista aparentan inmovilidad es debido a que la gran distancia que nos separa minimiza su movimiento hasta hacerlo casi imperceptible. Sin embargo, te

137

aseguro que se mueven, ¡y de qué manera! Nuestro Sol no es ajeno a ese movimiento. Pero, no adelantemos acontecimientos.

Cuando observamos a simple vista el cielo nocturno, si las condiciones son óptimas (ausencia de Luna, tiempo seco y despejado, ausencia máxima de luminosidad artificial y puesto de observación a más de mil metros de altura) es posible que podamos apreciar hasta 1.500 estrellas. Eso teniendo en cuenta también que sólo podemos observar medio hemisferio celeste y que las zonas próximas al horizonte estarán muy alteradas por el mayor grosor de la capa atmosférica.

En condiciones normales, aunque estemos en un medio rural, es probable que apenas podamos contabilizar medio millar de estrellas a simple vista. Y si tú y yo nos encontramos en una gran ciudad y existe algo de luz lunar que se suma a la del alumbrado público, es probable que sólo veamos un par de estrellas; incluso puede ser que se trate de planetas y que en realidad no podamos ver ninguna.

Como consecuencia de la observación visual de las estrellas y de su diferente magnitud de brillo, ya hace más de cinco mil años, los babilonios-sumerios (en la zona de Mesopotamia, entre los ríos Tigris y Éufrates, actual Irak) comenzaron a asociar entre sí estrellas brillantes y a confeccionar figuras (que ahora podríamos definir como "*virtuales*"). De esa forma nacieron las **constelaciones**: figuras representativas de la agrupación de estrellas fácilmente identificables y vecinas entre sí. Son figuras aparentemente planas, pero, en realidad, cada estrella está a una distancia diferente. Sería más correcto imaginarlas, por tanto, como "*volúmenes*" del universo.

Así nacieron las figuras más antiguas: Águila, Gemelos, Serpiente... De modo es que cuando la cultura griega alcanzó su máximo esplendor, ya todo el cielo nocturno había sido bautizado con imaginativas constelaciones.

Precisamente esas constelaciones tienen una gran utilidad: organizan la esfera celeste. Constituyen una especie de mapa, y a tal efecto es muy frecuente oír expresiones como *"en esta época del año el planeta está en Capricornio"*; *"la segunda estrella de la cola de la Osa Mayor"*; *"esa nebulosa está en Orión"*...

No pretendo incluir aquí esas imágenes ni quiero tampoco que nos dediquemos a aprender ningún mapa de estrellas (eso lo tenemos a nuestra disposición en cualquier planisferio celeste); mejor será que nos dediquemos a ese universo estelar, pero de forma general, sin individualizar. Y -pronto vas a experimentarlo- nuestro asombro no tendrá límites; será un asombro (nunca mejor dicho) *"infinito"*.

Por el momento, sigamos mirando el cielo nocturno. Todo lo que podemos observar a simple vista constituye nuestro universo visible. Y pronto surgirá la pregunta: ¿Todo es así? ¿Por mucho que nos separemos en cualquier dirección desde donde nos encontramos, sigue todo igual?

Pues sí, pero no.

A favor del sí te diré que, efectivamente, todo serán estrellas, nebulosas, espacio interestelar... A favor del no, te sorprenderá saber que la apariencia desordenada del cielo nocturno no es tal. Todo lo que vemos (excepto algunas pequeñas manchitas luminosas) forma parte de algo común; de algo que se interrelaciona y funciona al unísono. Es una comunidad inmensa.

Pero es que, además, existen otras formaciones similares a lo que estamos viendo que se extienden por el resto del universo. Te estoy hablando de inmensas *"agrupaciones"* de nebulosas, estrellas y espacio interestelar, que se extienden hasta donde no sabemos (si es que ese "dónde" existe). Esas comunidades o agrupaciones es lo que se denomina: "*galaxias*". Y para que te vayas haciendo una idea y puedas "situarte" mentalmente, bastará que sepas (como un adelanto a lo que pronto estudiaremos) que una galaxia puede albergar ¡algunos cientos de miles de millones de estrellas! Nosotros, junto a nuestra estrella Sol somos humildes miembros de una de esas galaxias.

Ya hemos llegado donde yo quería; ahora comenzamos a tener una idea global de lo que es verdaderamente el Universo, el Cosmos: un sinfín de galaxias (cada una de ellas repleta de cientos de miles de millones de estrellas, minúsculos puntos de luz envueltos en polvo, gas y vacío interestelar) deambulando con movimientos propios, fruto de sus interacciones gravitatorias y, tal vez, del impulso inicial que las creó, y que nadie sabe a ciencia cierta si caminan hacia su final, ni cómo ni cuál fue su principio. Dice James Muirden en su manual de 1964: "*el Universo es una masa turbulenta de actividad*".

¿Recuerdas lo que te dije del infinito? Lo que no comienza ni acaba...

Y se da la circunstancia de que cualquier observador de la noche es capaz de detectar una especie de trazo, senda o camino irregular, como si fuera tenue humo, que recorre el cielo nocturno de un extremo a otro. Los griegos le pusieron un nombre que traducido al latín es "*Vía Láctea*", en alusión al pasaje mitológico en el que Hera, esposa de Zeus, observa al despertarse que está amamantando a un niño: Heracles, fruto de la relación de su infiel marido con una mortal. Enojada, aparta bruscamente al niño de su pecho y la leche se derrama, dejando su huella en el cielo de la noche. Es la leche de los dioses.

Ya Demócrito, en la misma Grecia, fue de la opinión que esa vía láctea era en realidad el resplandor de estrellas que se encontraban muy juntas entre ellas, pero no pudo probarlo y su afirmación se perdió en el olvido. Dos mil años después, Galileo la enfocó con su recién estrenado telescopio y se maravilló ante la miríada de estrellas que aparecieron en el ocular del instrumento.

Esa Vía Láctea (que entre nosotros se llama también "*Camino de Santiago*" porque su dirección es aproximadamente norte-sur y es un buen indicador para los peregrinos del apóstol) es, ni más ni menos, una zona de nuestra galaxia observada desde su interior; desde nuestra posición. Es el disco de nuestra galaxia visto de perfil. Pronto lo entenderás muy bien.

Pero antes de estudiar la "anatomía" de nuestro entorno galáctico, tengo que aclararte que, para diferenciarla del resto de galaxias, a la nuestra le llamaremos a partir de ahora: "*la Galaxia*", así, con mayúscula. Las demás serán simplemente "galaxias"; algunas llevarán un nombre propio (galaxia de Andrómeda, por ejemplo); otras, sólo una letra y un número de catálogo.

Veamos ahora cuál es su aspecto. La ingente acumulación estelar que integra la Galaxia le confiere una forma típica de disco aplanado con una zona central redondeada. Se entiende bien si la comparamos a la típica imagen fantástica de un platillo volante (figura 43 y 44).

Figura 43

Figura 44

Pero no lo olvides: esa es la forma que confiere el conjunto de esos cientos de miles de millones de estrellas que la integran.

Dentro de ese volumen podemos diferenciar dos zonas: el disco y el bulbo (o núcleo).

El **disco**, como su nombre indica, tiene forma circular aplanada, con un patrón de distribución en forma de brazos espirales. Es una acumulación de estrellas que se encuentran tanto aisladas como formando agrupaciones (cúmulos de estrellas), con unas dimensiones totales de 80.000 años-luz de diámetro y unos 2.000 años-luz de grosor.

Se trata de una estructura dinámica con movimiento de rotación. Todo su contenido gira alrededor del centro de la Galaxia siguiendo órbitas aproximadamente circulares; pero no lo hace como un objeto rígido en el que todos sus puntos tienen la misma velocidad angular; aquí las zonas más centrales tienen la mayor velocidad, velocidad que va amortiguándose conforme nos alejamos hacia zonas más exteriores. Es, en definitiva, una prueba más de la certeza de las leyes de Kepler.

Nuestro Sol está situado en el centro del grosor del disco y a dos tercios de radio del centro (27.000 años-luz); es el punto "*S*" de la figura (figura 45).

Figura 45

Y en ese punto, la velocidad de giro de los elementos que lo pueblan (y por tanto, la del Sol, y "nosotros con él") es de ¡casi 800.000 kilómetros por hora! Así y todo, las colosales dimensiones de la Galaxia son

143

las responsables de que sean necesarios ¡250 millones de años! para conseguir completar una vuelta. Nosotros tardamos un año en dar la vuelta al Sol y él necesita 250 millones de veces más para hacerlo alrededor del centro de la Galaxia (es el llamado *"Año galáctico o cósmico"*).

Eso quiere decir que, suponiendo que el Sol tiene 5.000 millones de años terrestres, apenas es un "jovenzuelo de 20 años galácticos de edad" (como con fina ironía escriben Galadí y Gutiérrez en su completísima *"Astronomía General"*, Omega Ed. 2001). Y como se calcula que el Sol está a mitad de su periodo vital, resulta que morirá sin haberse hecho demasiado mayor: no llegará a cumplir cincuenta años galácticos.

El **bulbo (núcleo)** es, como bien supones, una concentración esférica de estrellas (siempre con sus nebulosas de gas y polvo) que tiene un diámetro de varios centenares de años-luz. En su zona central se encuentra el lugar más misterioso de la Galaxia. Los estudios radioastronómicos (importantísimo avance en astronomía) han demostrado que contiene una extraordinaria cantidad de gas molecular (equivalente a unos setenta millones de masas solares) y que está densamente poblado de estrellas.

Se supone que en el centro mismo del núcleo se sitúa algo parecido a un *"agujero negro"*: una zona masiva, con un diámetro de varias unidades astronómicas (¿recuerdas?: distancia Sol-Tierra), que engulle todo su entorno próximo y que ejerce el mando de la actividad gravitatoria de toda la Galaxia.

Un agujero negro, en hipótesis, sería algo así como una masa considerable encerrada en una esfera de radio cero; por lo tanto, su densidad sería infinita.

En la práctica, si el Sol se condensara en una esfera de radio algo menor de tres kilómetros, su densidad produciría una fuerza de atracción gravitatoria que engulliría todo lo que tuviera cerca; incluso la luz. De ahí su pintoresco nombre: agujero negro.

Dicho todo lo anterior, no sería correcto considerar la Galaxia (o cualquier otra galaxia) exclusivamente como una mera y formidable concentración de estrellas; hay mucho más. Ya te he adelantado que el espacio interestelar es rico en dos materias: polvo y gas.

El **polvo** está compuesto por partículas sólidas de menos de un micrómetro (milésima de un milímetro). Fruto de estas dimensiones sería más apropiado hablar de humo que de polvo. Está formado por compuestos de hidrógeno y carbono a una temperatura de 150 grados bajo cero y es el mayor responsable de la absorción y ocultación de la luz de las estrellas; sin embargo, en ocasiones refleja la luz de estrellas próximas, a las que confieren un aspecto de aureola brillante; son las **nebulosas de reflexión.** Otras veces, zonas particularmente densas de polvo pueden aparecer como manchas oscuras sobre un fondo de aspecto más brillante; son las **nebulosas oscuras.**

El **gas** ocupa todo el espacio interestelar sin alterar la luminosidad del mismo. Su principal componente es el hidrógeno, tanto en forma de átomos aislados como ionizados y, además, supone el soporte de las nebulosas de polvo, entre las que se difunde.

Y precisamente en el disco de la Galaxia existen grandes cantidades de polvo y gas, y es a partir de estas entidades donde se forman las estrellas. Tanto es así que se estima que cada año nace un equivalente de diez masas solares en forma de estrellas nuevas.

Con lo que te he comentado hasta ahora ya tenemos una idea bastante aproximada de las peculiaridades de nuestra Galaxia, y ya sabes también que se trata, tan solo, de una de tantas y tantas.

Apenas dos páginas atrás, a propósito de lo que podíamos percibir a mirar al cielo nocturno, te decía: *"...todo lo que vemos (excepto algunas manchitas luminosas) forma parte de algo común...".* Ya sabes ahora que ese algo común es la Galaxia, pero debes saber, además, que esas "manchitas luminosas", algo borrosas, mal definidas, son alguna de las "otras" galaxias; las más próximas. A simple vista no revelan su naturaleza, pero al enfocar un telescopio potente aparece en el ocular la imagen típica del ingente remolino de estrellas, con su núcleo, sus nebulosas... Tanto es así que el universo aparece repleto de galaxias... ¡hasta el límite máximo de posible observación!

¿Recuerdas que me atreví a afirmar que nada es igual a nada? Pues también se cumple con las galaxias.

Salvo en el dato común de que cada una de ellas alberga cientos de miles de millones de estrellas, su morfología puede ser muy variable: las hay esféricas; otras son elípticas (similares a un balón de rugbi); algunas (como la nuestra) son aplanadas en forma de disco, con o sin núcleo central, incluso pueden diferenciarse por la distribución de sus ramas espirales. Y, por si faltaba poco, las hay que adoptan volúmenes completamente irregulares (figura 46).

Figura 46

Por otro lado, y observando las galaxias desde un plano más alejado a ellas mismas (si es que tu imaginación puede permitírtelo) debes saber que se ha confirmado que rara vez aparecen aisladas. Lo normal es que se reúnan entre ellas.

Y como los humanos siempre clasificamos todo lo que observamos, hemos podido apreciar que existen concentraciones que agrupan unas cincuenta galaxias y que ocupan un volumen de unos 3 millones de años-luz de diámetro: son los **grupos** de galaxias (nuestra Galaxia está integrada en el llamado "**Grupo Local**"). Pero es que existen asociaciones bien definidas de grupos (varias docenas) que constituyen los **cúmulos** de galaxias, con un diámetro de volumen total en torno a los 15 millones de años-luz.

Y si aumentamos la escala del mapa cósmico aparecen los **supercúmulos** de galaxias: varios cúmulos asociados, que ocupan un volumen de hasta 150 millones de años-luz.

A este nivel, la distribución general podría compararse a la estructura de una esponja o la de la miga del pan: si la observas de cerca tiene sus características bien definidas; si te alejas, se comporta como una estructura homogénea.

Homogénea, si, pero no estática. Todo es movimiento; todo es turbulencia. Las estrellas orbitan alrededor de sus centros galácticos mientras que las galaxias se mueven en el seno del cosmos.

Podrías pensar que las colisiones estarán al orden del día pero en realidad no es así. El tamaño de las estrellas es tan pequeño en proporción a las distancias que las separan, que es muy difícil que puedan encontrarse y chocar entre ellas; sin embargo, en el caso de las galaxias las distancias entre ellas son más similares a sus volúmenes totales (a veces su separación es tan solo 20 ó 30 veces su diámetro), por lo que no es infrecuente que se produzcan interacciones entre ellas.

En efecto, es común observar pares de galaxias en pleno choque. Pero ¡ojo! son galaxias que se funden entre sí, se deforman, sus estrellas cambian sus trayectos orbitarios, pero como ya te he dicho, no hay colisiones entre ellas; lo que en realidad colisiona es el polvo y gas interestelar.

Se da el caso de que dos galaxias puedan formar una nueva, resultado de su encuentro, y ser esta tan potente que se dedique a atraer hacia sí a compañeras de su entorno próximo, incorporándolas a su magma estelar. Son las llamadas "galaxias caníbales", enormes formaciones que se suelen situar en el centro de los cúmulos de galaxias.

¿Recuerdas cuando te decía: *"quiero que nos emocionemos juntos"...?*

El capítulo de las estrellas está llegando a su fin, pero antes quiero hacer marcha atrás y revisar el tema de las distancias que hemos estado considerando.

La unidad astronómica (distancia Tierra-Sol) es de ciento cincuenta millones de kilómetros; la estrella más próxima a la Tierra se encuentra a 4'2 años-luz (un año-luz equivale a 9'4 billones de kilómetros); el diámetro de nuestro disco galáctico es de 80 mil años-luz; la galaxia más cercana a la nuestra (la Nube de Magallanes) está a 190 mil años-luz; otra, también cercana y también visible a simple vista (la de Andrómeda) dista 2'3 millones de años-luz; el diámetro de los supercúmulos de galaxias es de 150 millones de años-luz... y pueden encontrarse supercúmulos a miles de millones de años-luz.

Te estarás preguntando: ¿Hasta dónde somos capaces de observar en el universo?

Me importa que sepas que en la actualidad los telescopios más potentes sólo permiten apreciar estrellas (de forma individualizada) en galaxias situadas hasta a 20 millones de años-luz; hemos de acudir al telescopio espacial Hubble, que orbita como satélite fuera de nuestra atmósfera, para conseguir detectar estrellas en galaxias alejadas hasta 130 millones de años-luz. Pero somos capaces de seguir viendo galaxias mucho más lejanas (hasta los diez mil millones de años-luz) aunque no podemos distinguir las estrellas que las integran. Esas galaxias son para nosotros... meras chispitas de luz.

Observemos hacia donde quiera que observemos, el universo aparece repleto de galaxias que pueden contarse por ¡centenares de miles de millones!; y cada una de ellas –recuerda- posee centenares de miles de millones de estrellas.

¿Cosmos o Caos?

Ya sabes que el título de este capítulo equivale a decir: *¿Orden o Desorden?*

La disciplina que trata estos temas recibe el nombre de *"Cosmología"*: tratado del cosmos. Y es, ciertamente, una de las materias que más conocimientos científicos precisa para su desarrollo: astronomía, matemáticas, física, química... y muchos más; pero si lo que intentamos es no sólo indagar en el cosmos sino en el conjunto del origen y destino del universo desde el punto de vista del intelecto humano, entonces el concepto tiene que ampliarse mucho más. Surge la *"Escatología"*: conjunto de creencias y doctrinas referentes al hombre y a todo lo que le rodea.

Seguro que estás pensando: *"¿Escatología; pero eso no está relacionado con los excrementos, con la suciedad, con la pornografía?"*

No te falta razón, su significado también puede ser ese. En realidad, lo que ocurre es que esta palabra deriva del griego, y en esa lengua existen dos términos muy similares que hacen referencia a conceptos muy distintos: La palabra *"éskhaton"* significa *"lo último"* (en el sentido de trascendencia); y la palabra *"skatós"* significa *"excremento"*, "pornografía".

Como quiera que al trasladarlas al castellano las letras *"kh"* deberían pronunciarse como una "jota", en puridad gramatical, la palabra griega éskhaton (lo último) debería traducirse como "esjatológico", mientras que "escatológico" sería la acepción castellana de skatós griego.

No obstante, seguiremos manteniendo el equívoco gramatical y "escatología" será, como ya hemos definido: *"el estudio del inicio, destino y fin del universo (y del hombre con él)"*.

Hasta hace doscientos años, la Escatología era pura Teología. Sólo los teólogos se dedicaban al tema del destino humano; ahora la escatología científica se encarga de reunir los conocimientos de la cosmología moderna, pero necesita también de la filosofía, de la biología, de la teología... No conozco ninguna actividad intelectual humana que precise más conocimientos y, a pesar de ello, obtenga tan pocas conclusiones.

Es, pues, este un capítulo de peligrosa especulación. Al final del mismo podrás comprobar, no sin cierta desilusión, que no conseguimos llegar a ninguna aseveración cierta.

Pero antes de introducirnos de lleno en hipótesis que se basan tan sólo en indicios, y cumpliendo la promesa que te hice en el inicio de este manual, vamos a hacer un repaso de las velocidades a que nos estamos trasladando juntos por el espacio; ese espacio que nos envuelve y que ya conocemos mejor. Son cifras que hemos estudiado juntos y que ahora nos ayudarán a ubicarnos en esa increíble turbulencia.

Recuerda: Estamos sentados en nuestras respectivas sillas -en algún lugar bien próximo al ecuador terrestre- y nuestra velocidad de giro es un poco superior a **1.600 kilómetros por hora** (casi medio kilómetro cada segundo).

Mientras giramos a esa velocidad, nos trasladamos (en un giro mucho más abierto) alrededor del Sol a una velocidad de algo más de **100.000 kilómetros por hora** (casi 28 kilómetros cada segundo).

Pero, además, el Sol se mueve girando alrededor del centro de nuestra Galaxia -y nosotros vamos junto a él- a una velocidad de casi **800.000 kilómetros por hora** (unos 220 kilómetros cada segundo).

Y como ya sabes muy bien, nuestra Galaxia está próxima a otras similares (unas 40 ó 50) formando el llamado "Grupo Local". Este grupo, junto a otros muchos, pertenece a un cúmulo que, a su vez, se encuentra integrado en un supercúmulo de galaxias. Pues bien, cada grupo, cada cúmulo, cada supercúmulo, tiene movimientos propios que obedecen a fuerzas gravitatorias inducidas por sus masas generales (la de sus galaxias -estrellas- y la de su gas interestelar e intergaláctico). Y no es aventurado deducir que las velocidades a las que esos "conjuntos" se trasladan alrededor de sus respectivos centros de gravedad superan la cifra de **tres millones de kilómetros por hora** (casi 1.000 kilómetros cada segundo).

Somos partícipes, pues, de esa ebullición generalizada; de esa turbulencia termodinámica inimaginable donde todo se interrelaciona, todo se atrae, todo se fusiona y, aunque te parezca extraño... ¡todo se expande también!

Sé que esta última frase te ha producido una enorme extrañeza: ¿Se expande?

Pues sí.

A principios del siglo pasado, Hubble, extraordinario astrónomo que destacó por sus estudios estelares y que demostró la existencia de galaxias exteriores a la nuestra, demostró también sin ningún género de duda que todas las galaxias se están separando entre sí. Y desde nuestro punto de observación, las galaxias se alejan con "más rapidez cuanto más lejanas de nosotros se encuentran"; una rapidez que expresada en velocidad nos produce vértigo: **decenas de miles de kilómetros por segundo**.

El asombro que este descubrimiento causó a la comunidad astronómica internacional fue tremendo. ¿Se estaba cuestionando la omnipresente ley universal de la gravedad?

Es necesario hacer un esfuerzo intelectual para diferenciar en el cosmos dos aspectos diferentes: uno relativo a todo lo que hemos estudiado hasta ahora (en esencia: astros, polvo y gas); otro, el que hace referencia al ambiente que lo alberga; al *"espacio"* en sí mismo; a un espacio independiente de los cuerpos celestes que contiene.

El *"contenido"* sería, te vuelvo a repetir, lo que ya conocemos, mientras que ese *"ambiente"* omnipresente sería el *"continente"* que a modo de soporte englobaría todo el cosmos; todo el contenido.

Te aseguro que me está siendo muy difícil expresarme con mínima claridad y, lo que es peor, temo no poder conseguirlo.

Las leyes de gravitación se cumplen a la perfección en todo lo referente a ese contenido. Toda la dinámica interna de un supercúmulo (los cúmulos de galaxias con sus estrellas, los sistemas planetarios, el polvo y gas interestelar, incluso los átomos de nuestro propio cuerpo) está sujeta a las leyes de la gravedad. Es sólo en su ambiente, en ese continente que lo engloba, donde se produce el fenómeno de expansión.

Fred Hoyle, eminente astrofísico inglés fallecido en 2001, propuso una brillante analogía para entender este proceso: cuando una masa de pan, llena de pasas, se mete en el horno, la masa hincha, se dilata uniformemente, y las pasas se separan entre sí de forma homogénea en todas direcciones. Cualquiera de ellas podrá creer que está inmóvil y apreciará que las demás se están distanciando; y las más alejadas aumentarán su separación en mayor medida (a más velocidad) porque estarán separadas por mayor cantidad de masa de pan en expansión. El ejemplo es brillante. ¿Las pasas tienen velocidad propia? En sentido estricto la respuesta sería no; sin embargo, a nivel cosmológico, interpretado desde una concepción absoluta y distante, las pasas se trasladan; cambian de posición. Las pasas son las galaxias, pero las galaxias no se alejan; es el ambiente (la masa de pan, el "*gran continente*") el que se expande y, consecuentemente, las separa.

Y basados en este descubrimiento surgen diversas, variadas y contrapuestas teorías cosmológicas que intentan explicar el inicio, funcionamiento y devenir del universo. Algunas tienen más adeptos que otras, pero ninguna puede ofrecer conclusiones científicamente válidas.

Existe, además, un sutil razonamiento añadido que complica el desarrollo de cualquier hipótesis. Como en el proceso de expansión, las galaxias más distantes se alejan a mayor velocidad, se producirá un hecho sorprendente: si aplicamos las fórmulas de incremento de velocidad de alejamiento de las galaxias (recuerda: cuanto más lejanas, más rápidas), las que estén situadas a una distancia aproximada a los diez mil millones de años luz se apartarán de nosotros a una velocidad similar a la de la propia luz. Su velocidad no se limitará a esos miles de kilómetros por segundo que te he referido líneas atrás; se incrementará hasta los "*trescientos mil por segundo*". La luz que estas galaxias emitan no podrá "salir" de ellas mismas porque, respecto a nuestra posición, viajará al unísono con ellas; consecuentemente no podremos verlas... ¿o no existirán?

No podremos saber a ciencia cierta (nunca mejor dicho) qué hay más allá. ¿Habrá un fin o no lo habrá nunca?

Sencillamente, entramos en otra magnitud; nuestro intelecto es incapaz de intuir siquiera de qué estamos hablando.

El ámbito de sensaciones y conocimientos de una hormiga se limita al entorno en que nace, vive y muere; nosotros hemos llegado algo más lejos, pero ¿hemos encontrado también nuestro límite?

Y fíjate bien en las palabras que he empleado un poco más arriba: *"¿Habrá un fin o no lo habrá nunca"?*

Fin, como "distancia"; nunca, como "tiempo". Son conceptos diferentes y, sin embargo, se asocian perfectamente para expresar, de manera ciertamente inquietante, una idea tan brillante como la que tuvo Einstein al expresar su teoría de la relatividad: la fusión entre espacio y tiempo se ha consumado.

La cosmología entra de lleno en el mundo de la escatología. Y nacen así diversas hipótesis que pretenden explicar lo inexplicable. En mi modesta opinión, el intelecto humano es incapaz de penetrar en conceptos que, como mucho, apenas se atreve a definir; no obstante, apoyado en su capacidad de raciocinio se empeña en dilucidarlos (al menos, tesón no le falta).

Y en ese sentido, si partimos del hecho científicamente comprobado de que el universo se encuentra en expansión, sería correcto pensar que si invertimos el sentido del tiempo y vamos hacia atrás, hacia el pasado, podremos observar que las galaxias, en vez de separarse, irán aproximándose entre sí hasta que llegará un momento en que todo el cosmos estará concentrado en un punto. Pero será un punto de diámetro cero y de densidad infinita (he empleado la palabra "punto" porque no encuentro otra más apropiada).

Por cierto, ¿recuerdas cuándo estudiábamos geometría: *"...el punto no tiene dimensión, la línea sólo tiene una dimensión...*"? Pues la palabra "*punto*" va a ser tremendamente correcta para definir nuestro propósito.

Esa infinita cantidad de materia albergada en un lugar de dimensión cero, en un momento determinado iniciaría un proceso de expansión. Ese instante es lo que se ha dado en llamar la "*Gran Explosión*" (el "*Big-Bang*") y coincidiría con el inicio del tiempo. No tenemos ninguna noción sobre la naturaleza del motivo que propició ese proceso, ni cuándo ocurrió, ni qué "*había antes*" de que ocurriera, ni qué "*había fuera*" de ese "punto" de materia infinita y sin dimensión. Sólo sabemos a ciencia cierta que el universo se encuentra actualmente en fase de expansión.

Cuando escribo y tengo la tentación de entrecomillar palabras suele ser porque las encuentro muy importantes para la intención de lo que quiero expresar, y de ese modo las enfatizo, o porque no encuentro otras más adecuadas.

Ahora me ocurre lo segundo: no encuentro ningún término que pueda expresar los conceptos que intento explicar; sencillamente, ya lo dije antes, entramos en otra dimensión, fuera del alcance de nuestro intelecto.

Si la especie humana no gozara del sentido de la vista, ¿sospecharía la existencia de la luz, de los colores, de la gama de grises...? Pues algo así ocurre en este caso: somos incapaces de "*sospechar*" siquiera de qué estamos hablando. Superamos los límites de la hormiga, pero el cosmos supera los de nuestra razón.

Todas nuestras opiniones concernientes al inicio, esencia y futuro del universo están sustentadas sobre hipótesis especulativas basadas en hechos científicamente demostrados, pero también en meros indicios y suposiciones. Ejercicios de razonamiento, sin más.

Y, fruto de esos razonamientos, surgen las teorías que intentan explicar el enigma del devenir del universo. Todas toman como punto de partida el instante de la explosión de *"la materia infinita"* (¡ya estamos otra vez con las comillas!). A partir de ese momento comienza un proceso de expansión motivado por la energía emitida en ese gigantesco estallido.

Pero, recuerda, en el universo la energía no es independiente de la materia; *"materia-energía"* es un binomio inalterable y siempre en equilibrio.

No creo que sea del todo correcto, pero el siguiente concepto bastará, al menos, para entendernos: la expansión sería consecuencia de la energía; la materia sería la responsable de la gravedad.

Y de la mano del concepto "materia" surge el concepto de "**densidad**" del universo.

Sabes bien que la densidad de un cuerpo expresa la cantidad de materia que existe en un volumen determinado. Por tanto, la densidad del universo será la suma de toda la materia existente en el volumen del propio universo. Vale decir: de todos los átomos que integran los cuerpos celestes, gas y polvo espacial. Y, aunque solo sea para desbordar nuestra ya maltrecha imaginación, te sorprenderá saber que en un centímetro cúbico de aire terrestre, en condiciones normales, se contienen treinta y tres mil trillones de átomos.

Esa densidad total del cosmos será la responsable de la magnitud e intensidad de las fuerzas de gravitación. En consecuencia, se ha supuesto un nuevo concepto, la "**densidad crítica**", que expresaría la cantidad de materia que sería capaz de equilibrar con su poder de atracción la energía-expansión originada en la explosión inicial del big-bang.

Y en base a esa densidad crítica podríamos considerar tres supuestos diferentes:

Si la densidad total fuese igual a la crítica (fuerza de gravedad equilibrada con energía de expansión), el proceso expansivo inicial iría enlenteciendo hasta alcanzar el equilibrio de fuerzas (materia-energía) y permanecer así infinito en el tiempo. Nos encontraríamos con un **universo estático.**

Si la densidad fuera inferior a la crítica, la expansión, sin el freno de una gravedad suficiente, continuaría por siempre. Estaríamos en este caso ante un **universo abierto**, también infinito en el tiempo y en expansión permanente.

Por último, si la densidad del universo fuera superior a la crítica, la gravedad dominaría a la expansión y acabaría deteniéndola por completo para, a continuación, propiciar el efecto inverso al del inicio: una contracción del universo; una "*Gran Implosión*". Sería un modelo de **universo cerrado**, pero también "*para siempre*" (como ya hemos escrito en los dos modelos anteriores). Casi nos adentramos en el mundo de la poesía al decir que, en este caso, nos encontraríamos ante un "*latido infinito*" de expansiones y contracciones; de explosiones e implosiones.

Si a la luz de nuestros conocimientos actuales lo único que sabemos con certeza es que estamos presenciando un momento de expansión, lo que no tenemos modo de averiguar (al menos por ahora) es en qué modelo de universo nos encontramos. ¿Es en el estático en su fase de expansión; en el abierto, en expansión por siempre; en el cerrado, pero en su fase de expansión, antes de que se invierta el proceso y comience la contracción?

En cualquiera de ellos una cosa es cierta: estático, abierto o cerrado, ninguno tendrá final. Cualquiera de ellos se prolongará eternamente, no acabará.

Pero si creemos que todo se inició en el big-bang, me podrás decir, entonces: "*¿Cómo puede entenderse algo que comienza pero no acaba; qué habrá luego si antes no hubo?*" Sería tanto como afirmar que el universo es eviterno (lo que tiene inicio pero no final).

Y lo mejor que podré hacer es permanecer en silencio. No tenemos respuestas.

¿Somos los reyes de la creación o la humilde hormiga? Emocionado silencio.

Puestos a fantasear, y del mismo modo que ocurrió al ampliarse el conocimiento del mundo de las galaxias: ¿podría alguien negar que nuestro Universo (así, con mayúscula) no pudiera ser uno más entre otros infinitos universos?

Con total naturalidad utilizamos el microscopio para ver lo que, por pequeño, no podemos; y el telescopio para ver lo que, por lejano, no alcanzamos. ¿Vamos a caer, pues, de nuevo, en el ancestral, crónico e inherente defecto del género humano de autoproclamarnos el centro de algo? ¿Estamos, realmente, en el centro entre "*lo más grande*" y "*lo más pequeño*"?

Si ahora yo afirmo que en este mismo momento algo o alguien están utilizando un microscopio para indagar en "nuestro infinito Universo", ¿quién podrá desmentirlo? ¿Será una fantasía?

Puede que sí, pero también es cierto que, si de la imaginación depende y la ciencia no lo desmiente, nada hay imposible.

¿Recuerdas lo que te comentaba en la introducción de este manual?

Deseaba conseguir que te emocionases con el fruto de una ilusión: "*la pasión por la astronomía*".
Espero haberlo conseguido.
El resto ya es tarea tuya.

El autor:

José Vte. Pascual Gil (Valencia -España-, 1945) es Médico.
Aficionado al mar y a la navegación a vela, es Capitán de Yate.
Autor del manual: "*Navegación astronómica para la Navegación deportiva*"